図説 わかる コンクリート構造

井上 晋 監修

上田尚史・内田慎哉・武田字浦・三木朋広・三岩敬孝 著

学芸出版社

まえがき

　土木系の大学や工業高等専門学校における「鉄筋コンクリート構造」に関する教科書は、これまでに数多く出版されています。いずれも教科書としては非常に優れていますが、近年、教科書の使われ方は二通りあってもよいと感じるようになりました。

　1つは、鉄筋コンクリート構造の基本的な理論に加え、設計で用いる式やその背景にある実験データ等が豊富に示され、卒業後にも専門的・実務的な知識を調べる際の参考書としての役割を有する教科書です。鉄筋コンクリート構造のこれまでの教科書はほとんどがこの考え方に基づいて執筆されています。

　もう1つは、鉄筋コンクリート構造について、大学あるいは工業高等専門学校で最低限、身に付けてほしい内容に限定し、わかりやすい図を用いて基本理論やそのメカニズムを学ぶとともに、例題・演習問題によって、学んだ知識を確実に身に付けるための教科書です。

　本書では特に後者を意識して、執筆に際して以下の点に主眼を置いています。

(1) できるだけわかりやすい文章となるように努力しました。すなわち、記述に当たり読者にとって親しみやすい文調、いわゆる口語調としています。
(2) 内容に合致するイラスト、工夫をした図表を多く取り入れています。
(3) 随所に「コラム」欄を設け、内容に関係する「難解な専門用語の解説」、「難解な式の背景にある考え方」など、ちょっと深い話をわかりやすく説明しています。
(4) 例題、演習問題を豊富に取り入れ、理解を助けるとともに、復習により知識が確実に身に付くよう配慮しています。
(5) 計算式は理論や実験から導かれる一般的な式を示し、例えば、土木学会コンクリート標準示方書による算定式については、あくまでも参考として示しています。
(6) 鉄筋コンクリート構造で用いる構造力学の知識を復習するための章を設け、理論の理解がスムーズにできるよう配慮しています。
(7) 大学の講義回数に合わせて、「15回」で内容の説明が終わるような内容・章構成にしています。また、最も重要な「曲げモーメントを受けるRCはりの力学挙動」の部分に多くのページ数を割り当てています。

　執筆は、大学や工業高等専門学校において実際に授業を担当されている新進気鋭の先生方にお願いしました。また、編集においては、経験豊富な先生方にご協力いただき、内容に関して忌憚のないご意見をいただきました。本書が読者の皆さんにとって、本当の意味で「わかる　コンクリート構造」となることを願っています。

　最後に、本書の出版の機会を与えていただき、編集に際しては献身的なご協力をいただきました学芸出版社の井口夏実氏、森國洋行氏に厚くお礼申し上げます。

2015年3月
監修　井上 晋（大阪工業大学）

もくじ

まえがき 3

1章 鉄筋コンクリート構造の基本的な考え方と設計法　7

1. 身近なコンクリート構造物　7
2. コンクリート構造の種類　9
3. コンクリート構造物の設計法　14

2章 構造力学・材料力学の基礎　21

1. 断面力　21
2. 応力とひずみ　24
3. 断面の性質　28
4. 曲げを受ける部材に生じる応力とたわみ　34

3章 コンクリートと鋼材の力学的性質　42

1. コンクリート　42
2. 鋼材　46
3. コンクリートと鉄筋の付着特性　49

4章　曲げモーメントを受けるRCはりの力学挙動　51

1. RCはりに関する基本事項　51
2. 曲げひび割れ発生以前の状態における応力度と曲げひび割れ発生モーメント　59
3. 曲げひび割れ発生から鉄筋降伏までの状態における応力度と曲げ降伏モーメント　66
4. 鉄筋降伏以降の挙動と終局曲げモーメント　76
5. 曲げを受けるRCはりのひび割れと変形　87

5章　軸力と曲げモーメントを受けるRC柱の力学挙動　100

1. 中心軸圧縮力を受けるRC柱の中心軸圧縮耐力　100
2. 偏心軸圧縮力を受けるRC柱の破壊形態と断面耐力　102
3. 一定軸圧縮力作用下における終局曲げモーメント　108
4. 軸力と曲げモーメントの相互作用曲線と破壊形態　111

6章　せん断力を受けるRCはりの力学挙動　115

1. RCはりの破壊形態とせん断応力度　115
2. せん断力に対する抵抗のしくみ　123
3. せん断耐力の算定　128

7章 構造細目　　135

1. かぶり　　135
2. 鉄筋のあき　　137
3. 鉄筋の曲げ形状　　138
4. 鉄筋の継手　　140
5. 鉄筋の定着　　144

演習問題の答え　151

付表　166
索引　167

1 鉄筋コンクリート構造の基本的な考え方と設計法

1 身近なコンクリート構造物

　私たちの生活は、コンクリートによって支えられているといっても過言ではありません。一歩外に出て周りを見回してみると、街中にさまざまなコンクリート構造物やコンクリート部材が使われている様子を発見することができます。例えば、図 1・1 にあるような都市を構成する社会基盤施設のうち、コンクリートが使われている場所を挙げてみてください。そのほとんどはコンクリートでできていることに気づくと思います。また、図 1・2 にあるように、一見、鉄だけでできている構造物に見える場合でも、よく見るとコンクリートが使われていることが少なくありません。

図 1・2　世界最長の吊橋、明石海峡大橋にもコンクリートが使われている（出典：『図説　わかる材料』学芸出版社、図 1・1）

　都市を構成する社会基盤施設をつくるとき、コンクリート

図 1・1　都市を構成する社会基盤施設（出典：『図説　わかる土木計画』学芸出版社、図 14・1）

が使われる理由には次のようなものがあります。まず、コンクリートは型枠の形通りに固まるので、図1·3のように好きな形・デザインのコンクリート構造物をつくることが可能です。また、コンクリートはセメント、水、細骨材、粗骨材、混和材料で構成されていますが、いずれの材料も国内で生産・入手可能なため、安くて簡単に材料が確保できるという特徴を持っています。このため、コンクリート自体の価格も安くなり、大量のコンクリートを必要とする大きな構造物をつくる場合でも、材料費を安く抑えることが可能になります。こうしてつくられたコンクリート

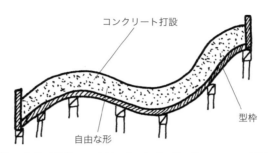

図1·3　自由な形をつくることができるコンクリート　(出典：『図説　やさしい建築材料』学芸出版社、図3·4)

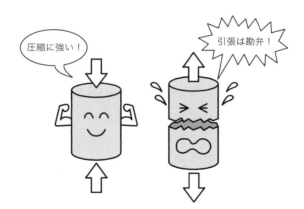

図1·4　圧縮に強く引張に弱いコンクリート

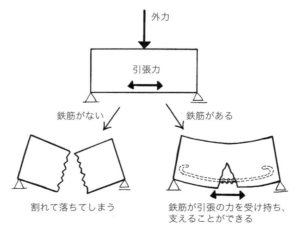

図1·5　鉄筋コンクリートの考え方　(出典：『図説　わかるメンテナンス』学芸出版社、図3·3)

構造物は、適切に設計・施工され、人間にとっての健康診断や病気の治療にあたる構造物のメンテナンス（維持管理）を適切に実施することで、長期間にわたり使用することができます。

このように安価でさまざまな形をつくることができるコンクリートですが、圧縮強度が高い反面、引張強度が低いという特徴があり、石材と同様、ひび割れが入ると同時にパカッと割れてしまいます（図1・4）。普段、私たちが使っているコンクリート構造物が、ひび割れが入ると同時に壊れてしまっていては、安心して暮らすことができません。そこで、コンクリートにひび割れが入らないように工夫すると同時に、もしひび割れが入ったとしても構造物としての機能が確保できるように、鉄筋等の引張に強い材料で補強しておくことが必要になります。そこで、外からは見えませんが、図1・5のようにコンクリートの中には鉄筋等の鋼材が配置され、構造物としての機能を持たせるための工夫がなされています。

本書では、鉄筋を内部に配置することで、丈夫で長持ちするように配慮されたコンクリート構造物の設計や性能照査（所要の性能が満足されていることを確認すること）に関する基本理論を学びます。

2 コンクリート構造の種類

1 鉄筋コンクリート構造

①鉄筋コンクリート構造の原理

コンクリート構造の中でも、鉄筋を用いて補強したコンクリートのことを「鉄筋コンクリート」といい、英語で Reinforced Concrete（補強されたコンクリート）と表記されることから「RC」とも呼ばれています。コンクリートは圧縮方向の力に強く、引張方向の力には弱いという特徴を持った材料です。このため、部材に作用する圧縮力はコンクリートで負担して、引張力を鉄筋で負担させるのが、鉄筋コンクリート（以降、RC）構造の基本的な考え方です（図1・5参照）。

本書の読者のほとんどが、構造力学で「曲げモーメント」と「せん断力」について学んだことと思います（2章参照）。コンクリートの中に配置される鉄筋は、主にこの曲げモーメントとせん断力に抵抗するように配置されています。

例えば、図1・6 (a) に示すように、コンクリートの単純ばりに外力が作用しているとき、はりには曲げモーメント（M図）とせん断力（S図）が作用します。この曲げモーメントによって、部材の下側に引張力が作用する（図中の水平方向の灰色の矢印）とひび割れが生じ、はりが2つに折れてしまいます。また、この曲げモーメントによって入るひび割れに対して補強ができていたとしても、部材に作用するせん断力と曲げモーメントの組合せにより発生する斜め引張応力（図中の斜め方向の灰色の矢印）によって支点と載荷点を結ぶ方向にひび割れが発生し、はりは壊れてしまいます。このような曲げモーメントによって部材の下側に作用する引張力に抵抗するために配置する鉄筋を引張鉄筋（または主鉄筋）、せん断力に抵抗する鉄筋のことをせん断補強鉄筋と呼んでいます（図1・6 (b)(c)）。

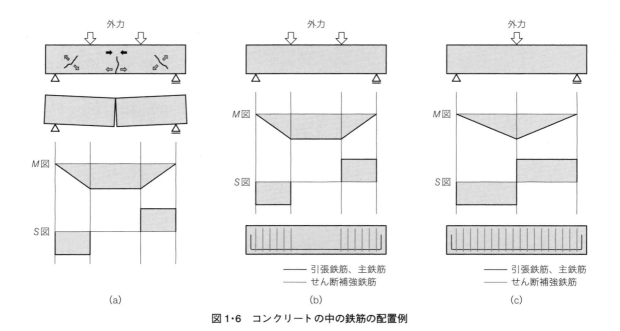

図1・6 コンクリートの中の鉄筋の配置例

► **COLUMN：コンクリート構造物を構成する部材と配置される鉄筋**

　コンクリート構造物は、はりや柱等の棒部材と壁や床版・スラブ等の面部材を組み合わせて構成されています。外側からは見えませんが、いずれの部材も図のように鉄筋を配置して補強されています。

　はり部材では、主鉄筋（軸方向鉄筋）を取り囲むようにせん断補強鉄筋（スターラップ）を配置しています（a）。また、柱部材では軸方向鉄筋を取り囲むように帯鉄筋（b）やらせん鉄筋（c）を配置します。壁や床のような面部材では、外力の作用方向によって主鉄筋と配力鉄筋が格子状に配置されています（(d)(e)）。

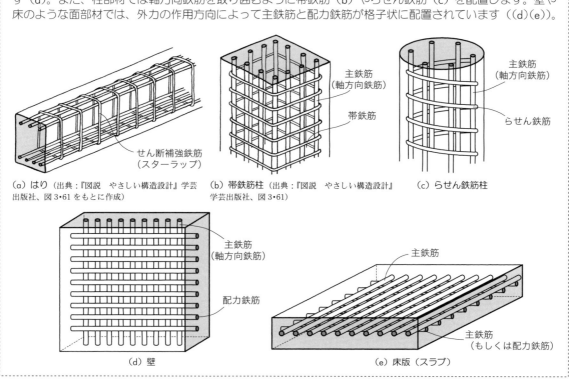

(a) はり（出典：『図説　やさしい構造設計』学芸出版社、図3・61をもとに作成）
(b) 帯鉄筋柱（出典：『図説　やさしい構造設計』学芸出版社、図3・61）
(c) らせん鉄筋柱
(d) 壁
(e) 床版（スラブ）

部材に作用する引張力がある一定の大きさに達すると、さまざまな方向にひび割れが発生します。ほとんどの場合、このひび割れに直交する方向に補強材を配置し、ひび割れ部分の引張力を負担させるとともに、ひび割れの幅が大きくなるのを防ぐことでRC構造としての機能を保っています。曲げモーメントのみを受ける場合、および曲げモーメントと軸力を受ける場合の考え方については4章および5章で、せん断力を受ける場合については6章でそれぞれ説明します。

②鉄筋とコンクリートを組み合わせる理由

コンクリートの補強材として主に鉄筋が使用されている理由としては、以下が挙げられます。

①コンクリートは強アルカリ性であり、アルカリ環境下で鉄筋表面に形成される不動態皮膜の働きにより、コンクリート中の鉄筋はさびにくくなる。
②異形鉄筋（3章2節参照）を用いることで、鉄筋とコンクリートとの間の付着力を強固なものにすることができ、鉄筋とコンクリートが一体となって外力に抵抗できる。
③鉄筋とコンクリートの熱膨張係数がほぼ等しいため、両者の間に温度変化による有害な力が作用しない。

2 その他のコンクリート構造

①プレストレストコンクリート構造

＊プレストレストコンクリート構造の原理と特徴（メリット）

RC構造の他に、プレストレストコンクリート（Prestressed Concrete：以降、PC）構造と呼ばれる構造形式があります。PC構造は、作用する外力によって発生する引張応力を打ち消すために、引張応力が作用する部分にあらかじめ圧縮応力（プレストレス）を与えておく構造形式です（図1・7）。こうすることで、使用時にひび割れの発生しないコンクリート構造とすることが可能になります。また、断面にひび割れが発生しないため、全断面を有効として部材に発生する応力を計算することができるため、スレンダーな構造物をつくることができます。

PC構造物をつくるには高強度のコンクリートと鋼材が必要となり、特にPC構造に使用する鋼

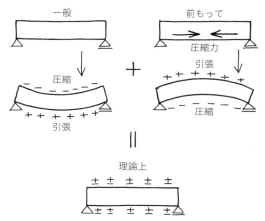

図1・7 プレストレストコンクリート（出典：『図説 やさしい建築材料』学芸出版社、図3・41）

材のことを PC 鋼材と呼び、RC 構造に使用する鉄筋と区別しています（3 章参照）。

* プレストレストコンクリートの分類

PC 構造は、導入されるプレストレスの程度によって次の2つに分類されています。

1つめは、設計荷重作用時に、コンクリート断面に引張応力が発生しない（これをフルプレストレッシングと呼びます）構造、あるいは、引張応力は発生するがひび割れを許容しない（これをパーシャルプレストレッシングと呼びます）構造です。土木学会『コンクリート標準示方書』（以降、示方書）では、使用時にひび割れの発生を許容せず、プレストレス導入により縁応力度を

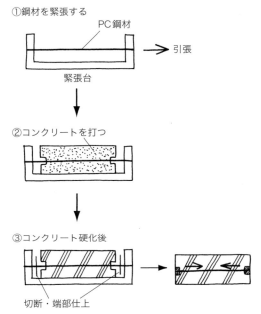

図1・8　プレテンション方式（出典：『図説　やさしい建築材料』学芸出版社、図3・42）

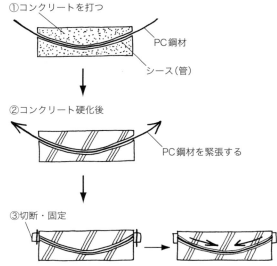

図1・9　ポストテンション方式（出典：『図説　やさしい建築材料』学芸出版社、図3・43）

制御する構造をPC構造と定義しています。PC構造は、設計荷重作用時にひび割れが生じない構造とすることができるため、水密性や気密性が要求される容器構造物（LNGタンクや原子炉格納容器等）をはじめ橋梁にもよく用いられています。

2つめは、設計荷重作用時にひび割れの発生は許容するものの、その幅をプレストレスの導入と異形鉄筋の配置により制御するPRC（Prestressed Reinforced Concrete）構造です。これは、ひび割れの発生を許容するRC構造とPC構造を組み合せた構造形式で、ひび割れに対して特別な条件がない構造物に適用されています。

*プレストレスの導入方法

プレストレスの導入方法には、大きく分けて次の2つの方法があります。

1つめは、プレテンション方式です（図1・8）。これは、緊張した状態のPC鋼材の周りに型枠を組み、コンクリートを打設し十分な強度が得られた後にPC鋼材の端部を切断し、PC鋼材とコンクリートの付着力によってプレストレスを導入する方法です。この方式は、工場でプレキャストコンクリート製品（杭、まくらぎ等）をつくる際に用いられています。

2つめは、ポストテンション方式です（図1・9）。これは、型枠の中にシースと呼ばれるPC鋼材を通すための管を設置した状態でコンクリートを打設し、十分な強度が得られた後に、シースの中に通したPC鋼材を緊張して端部を定着することでプレストレスを導入する方法です。この方式は、建設現場でプレストレスを導入する場合や、箱型等のプレキャスト部材をつないでPC構造物を建造する際に適用されています。ポストテンション方式には、コンクリート断面の内側にシースを設置する内ケーブル方式と、コンクリート断面の外側にケーブルを設置する外ケーブル方式があります。内ケーブル方式では、PC鋼材とコンクリートに付着を与えるとともに、PC鋼材を腐食から守るためにシースとPC鋼材の間隙にセメントペーストを充填する（グラウティングと呼びます）のが一般的です。

②鉄骨鉄筋コンクリート構造および鋼・コンクリート合成構造

RC構造やPC構造の他に、鉄筋と鉄骨を組み合せてコンクリートを補強した、鉄骨鉄筋コンクリート（Steel Reinforced Concrete：SRC）構造があります（図1・10）。鉄筋に加えて鉄骨を補強材として使用することで部材の耐力が向上し、断面寸法を小さくできるという特徴があります。

また、波形鋼板ウェブPC箱桁を用いた橋梁

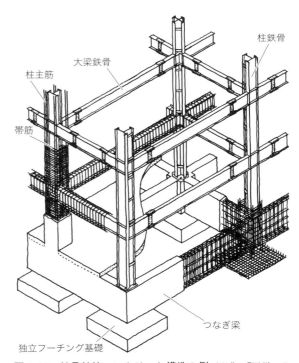

図1・10　鉄骨鉄筋コンクリート構造の例（出典：『図説　やさしい建築一般構造』学芸出版社、p.140）

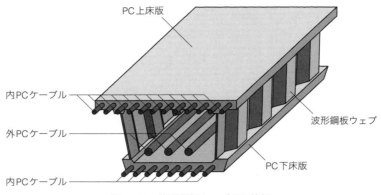

図1・11　波形鋼板ウェブ PC 箱桁

等、鋼とコンクリートのそれぞれの利点をうまく組み合わせた鋼・コンクリート合成構造があります（図1・11）。

3 コンクリート構造物の設計法

1 設計の手順

　必要な強度や耐久性を有するコンクリート構造物をより経済的に建設することが、構造設計の大きな目的です。コンクリート構造物の設計は、一般に次の手順で進めます。

①**予備設計**
　（1）構造形式の選定
　（2）最適構造形式の決定

②**詳細設計**
　（3）応答値の算定：断面力の算定（構造力学の知識が必要です。2章を参考にして求めます）
　（4）限界値の算定：断面耐力、応力、ひび割れ幅、たわみ等の算定
　（5）性能照査：応答値と限界値の比較、数値解析、模型実験、実物実験
　（6）最適な断面形状・寸法の決定
　（7）構造細目の検討
　（8）設計図面の作成
　（9）使用材料の量の算出

本書では、特に上記の（3）（4）（5）について詳細に解説しています。

2 限界状態設計法

　現行の示方書では、限界状態設計法（limit state design method）によるコンクリート構造物の設計方法を規定しています。

①限界状態設計法の考え方

　限界状態設計法は、構造物や構成部材ごとに施工中および設計耐用期間中（設計時に構造物がその機能を十分に果たさなければならないと設定した期間）の各要求性能に応じた限界状態を設定し、この限界状態に至らないように性能照査を行うことでコンクリート構造物を設計する方法です。

②要求性能と性能照査

　コンクリート構造物には、「安全で」「快適に」「環境に配慮し」「長持ちする」という性能が求められます。示方書では、これらの性能について「安全性」「使用性」「環境性」「耐久性」という要求性能が設定され、それらが満たされていることを照査する手法として限界状態設計法の考え方を利用しています。さらに、地震大国・日本では、地震に対する「耐震性」、地震後の「復旧性」も重要な性能です。

　安全性では、構造物が外力の作用によって破壊に至らないという構造体としての性能が求められます。このため、安全性の照査では、外力による断面力（求め方は2章を参照）と部材自体の断面耐力（求め方は4〜6章を参照）を比較して、断面力が断面耐力を超えないことを確認します。また、構造物が破壊に至らない場合でも、かぶりコンクリートの剥離・剥落を防ぐ等、使用者や周辺の人の生命や財産を脅かさないための構造物の機能上の安全性を確保することも重要です。地震時には、変位や変形が安全性の確保の面で問題になることもあります。

　使用性では、乗り心地、歩き心地、外観、騒音、振動等について、人々が快適に構造物を使用できるための性能が求められます。また、構造物に要求される機能として水密性、透水性、防音性、防湿性、防寒性、防熱性等が設定されている場合には、これらの機能が外力の作用等による損傷によって損なわれないようにする必要があります。

　環境性では、地球環境、地域環境、作業環境、景観等の社会環境に対する適合性に配慮して、要求性能を設定します。

　耐久性では、設計耐用期間にわたり、上記の安全性、使用性が確保されることを要求性能として設定します。構造物中の材料の劣化によって生じる性能の経時的な低下に対する抵抗性について考慮し、ひび割れ、塩害、中性化による鋼材腐食、凍害、化学的侵食等によるコンクリートの劣化について限界状態を設定します。

　復旧性は、地震等の偶発作用によって構造物の性能が低下した場合の性能回復の難易度を表す性能です。

表1・1　要求性能と照査項目

要求性能	性能照査項目
安全性	断面破壊、疲労破壊、変位・変形等
使用性	外観（ひび割れ、汚れ等）、騒音・振動、走行性・歩行性、水密性、損傷等
環境性	地球環境、地域環境、作業環境、景観等
耐久性	ひび割れ、塩害・中性化による鋼材腐食、凍害・化学的侵食等によるコンクリートの劣化等
復旧性	地震時の安全性、地震後の使用性・復旧性

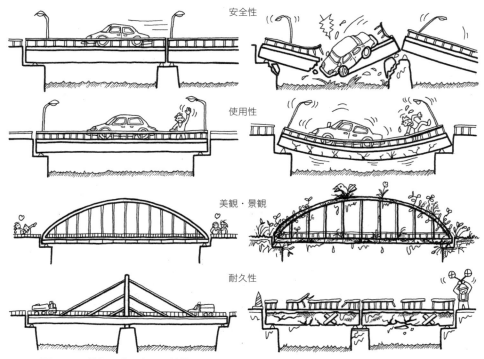

図1・12 橋梁に求められる性能（出典：『図説　わかるメンテナンス』学芸出版社、図2・2）

　これらの要求性能に応じた限界状態に対して、設計耐用期間中に限界状態に至らないことを確認することを「性能照査」と呼んでいます。要求性能に対する具体的な照査項目は表1・1のとおりです。例えば、橋梁には図1・12に示すような性能が求められます。

③ **各種安全係数とその考え方・使い方**

　要求性能に対する性能照査の際、限界状態設計法では、各種安全係数 γ を用います。安全係数とは、推定困難な変動が構造物に及ぼす危険側の影響を取り除くための係数のことです。安全係数には、材料係数 γ_m、作用係数 γ_f、構造解析係数 γ_a、部材係数 γ_b、構造物係数 γ_i があります。

*** 材料強度の特性値と設計値**

　コンクリート構造物を設計する際、構造物を構成する材料の強度は、さまざまな要因によって変動します。この変動による危険側の影響を排除するために、材料係数を用います。

　材料強度の特性値 f_k は、JIS に準じた強度試験によって求められ、一般には式 (1.1) により定義されています。

$$f_k = f_m - k\sigma = f_m(1 - k\delta) \tag{1.1}$$

　　f_m：試験値の平均値

　　σ：試験値の標準偏差

　　δ：試験値の変動係数

　　k：係数

　係数 k は、試験値が特性値より小さい値となる確率によって定まる値で、図1・13のように特

性値を下回る確率を5%、分布形を正規分布と仮定すると、係数 k は1.645になります。このように、材料強度の特性値は、試験値のばらつきを想定したうえで大部分の試験値がその値を下回らないことが保証されている値です。

実際の構造物では、材料の品質のばらつきにより、実際の強度が特性値より低くなり構造物の耐力が十分に確保できなくなることで、望ましくない方向への変動が起こる可能性があります。また、強度試験用の供試体と実構造物の大きさの違いによって、実際の強度が異なること（寸法効果）もあります。このような変動を取り除くために、構造物を設計する際には、材料強度の特性値を材料係数 γ_m で除した設計値 f_d を用います。

$$f_d = \frac{f_k}{\gamma_m} \tag{1.2}$$

材料係数は、材料強度の特性値からの望ましくない方向への変動、供試体と構造物中との材料特性の差異、材料特性が限界状態に及ぼす影響、材料特性の経時変化等を考慮して定められています。コンクリート構造物に用いるコンクリートと鉄筋のそれぞれの材料係数については、3章で説明します。

＊作用の特性値と設計値

構造物に対する作用は、持続性、変動の程度、発生頻度によって、「永続作用」「変動作用」「偶発作用」に分類されています。コンクリート構造物を設計する際にも、構造物に作用する外力の特性値 F_k は、さまざまな要因によって変動します。この変動による危険側の影響を排除するために、作用係数を用います。作用する荷重の場合は、特性値より大きい荷重が作用すると構造物の

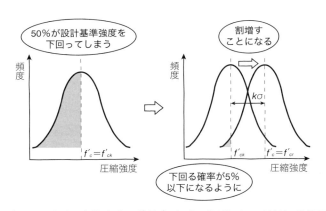

図1・13　目標とするコンクリート強度 f'_{cr} の決め方（出典：『図説　わかる材料』学芸出版社、図5・38）

表1・2　設計作用の組合せ

要求性能	限界状態	考慮すべき作用の組合せ
安全性	断面破壊等	永続作用＋主たる変動作用＋従たる変動作用
		永続作用＋偶発作用＋従たる変動作用
	疲労	永続作用＋変動作用
使用性	すべての限界状態	永続作用＋変動作用
耐久性	すべての限界状態	永続作用＋変動作用
復旧性	すべての限界状態	永続作用＋偶発作用＋従たる変動作用

耐力として危険側への影響が出るため、特性値に作用係数γ_fを乗じた値を設計作用値F_dとして用いています。

$$F_d = F_k \cdot \gamma_f \tag{1.3}$$

作用係数は、作用の特性値からの望ましくない方向への変動、作用の算定方法の不確実性、設計耐用期間中の作用の変化、作用の特性が限界状態に及ぼす影響を考慮して定められています。設計作用は、照査の対象とする性能に応じて、表1・2のように永続作用、変動作用、偶発作用を組み合わせて設定するのが一般的です。

＊修正係数 $\rho_m \cdot \rho_f$

材料強度および作用荷重について、特性値と規格値や公称値との違いを考慮する必要がある場合には、修正係数を用います。材料強度の特性値と規格値との相違を考慮して定められた材料修正係数ρ_mと、作用の特性値と規格値または公称値との相違を考慮して、それぞれの限界状態に応じて定められた作用修正係数ρ_fがあります。どちらも、規格値または公称値に乗じて特性値に変換します。

＊構造解析係数 γ_a

構造解析係数は、応答値算定時の構造解析の不確実性等を考慮して定められている安全係数です。

＊部材係数 γ_b

部材係数は、部材耐力の算定上の不確実性、部材寸法のばらつきの影響、部材の重要度、対象とする部材がある限界状態に達したときに構造物全体に与える影響等を考慮して定められている安全係数です。

> ► **COLUMN：構造物に作用する外力**
>
> コンクリート構造物には、設計耐用期間中にさまざまな種類の外力が作用します（下表）。コンクリート構造物の設計の際には、主に永続作用に分類される「死荷重・永久荷重」、変動作用に分類される「活荷重・変動荷重」に対して使用性、安全性を満たしているか確認します。地震や事故等による作用は、偶発作用として考慮されています。
>
> 構造物に作用する死荷重とは、構造物を構成する材料や付帯する材料の重さによる荷重のことで、材料の単位重量を用いて求めます。一般に、コンクリートは22.5～23.0 kN/m³、鋼は77 kN/m³、鉄筋コンクリートは24.0～24.5 kN/m³、路面の舗装に用いるアスファルト舗装は22.5 kN/m³です。
>
> 活荷重・変動荷重には、自動車、列車、群集等の構造物上を移動する荷重があり、構造物の用途によっては、土圧や水圧、風荷重や雪荷重等も構造物に作用する変動荷重に含まれます。また、コンクリートの収縮やクリープ（3章参照）、温度・湿度による影響も作用として考える必要があることもあります。
>
> 作用の種類
>
> | 直接作用 | 間接作用 | 環境作用 |
> |---|---|---|
> | ・死荷重　・活荷重
・土圧　　・水圧
・流体力　・波力
・風荷重　・雪荷重
・活荷重
・プレストレス力　　等 | ・コンクリートの収縮および
　クリープによる影響
・温度の影響
・地震の影響　　　　　等 | 構造物に対する
・温度、日射の影響
・湿度、水分の供給
・各種物質の濃度、その供給
　　　　　　　　　　　等 |

＊構造物係数 γ_i

構造物係数は、構造物の重要度、限界状態に達したときの社会的影響等を考慮して定められており、断面力と断面耐力の比較による安全性の照査の際に用います。

表1・3に標準的な安全係数の値を示します。

＊**安全係数を用いた性能照査例**

上記の安全係数を用いた限界状態設計法での安全性の照査手順は、図1・14のようになります。

3 その他の設計法

わが国では現在、性能照査の際に、主として限界状態設計法の考え方を用いていますが、これ以外にも許容応力度設計法や終局強度設計法があります。

①**許容応力度設計法**

許容応力度設計法（allowable stress design method）は、材料に作用する応力が材料強度に応じて決められた許容応力度（作用する応力の上限値）を超えないことを照査する設計法です。使用性を重視した設計法で、安全係数は材料強度に対して設定され、各材料は弾性体（材料の応力－ひずみ関係が直線）と仮定したうえで作用する荷重による応力を求めます。

②**終局強度設計法**

終局強度設計法（ultimate strength design method）は、作用する荷重による断面力が部材の断面耐力を超えないことを照査する設計法で、破壊に対する安全性を重視した設計法です。安全係

表1・3　標準的な安全係数の値（線形解析を用いる場合）

安全係数 要求性能 （限界状態）	材料係数 γ_m		部材係数 γ_b	構造解析係数 γ_a	作用係数 γ_f	構造物係数 γ_i
	コンクリート γ_c	鋼材 γ_s				
安全性 （断面破壊）	1.3	1.0 または 1.05	1.1～1.3	1.0	1.0～1.2	1.0～1.2
安全性 （疲労破壊）	1.3	1.05	1.0～1.3	1.0	1.0	1.0～1.1
使用性	1.0	1.0	1.0	1.0	1.0	1.0

（出典：土木学会『コンクリート標準示方書（2012年制定）［設計編］』2013）

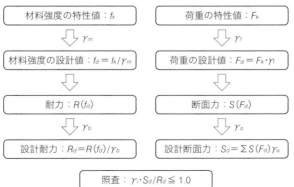

図1・14　安全性の照査手順

表1・4 設計法の比較

設計法	荷重の定め方	構造解析や断面解析上の仮定	重視する性能	安全率の対象
許容応力度設計法	作用荷重の特性を考慮	弾性理論	材料強度によって定められた許容応力度を超えないこと ⇒使用性を重視	材料強度
終局強度設計法	終局荷重は死荷重、活荷重、風荷重、地震荷重の組合せ	塑性理論	荷重に対する断面力が断面耐力を超えないこと ⇒破壊に対する安全性を重視	荷重
限界状態設計法	検討すべき限界状態についてそれぞれ定める	検討する限界状態によって異なる	検討すべき限界状態による ⇒使用性と安全性の両方を重視	材料強度荷重（作用）

数は作用する荷重に対して設定し、終局荷重は死荷重、活荷重、風荷重、地震荷重の組合せにより求めます。

以上3つの設計法の特徴を比較すると、表1・4のようになります。

■ 演習問題 1-1 ■　RC構造の原理を説明しなさい。
■ 演習問題 1-2 ■　鉄筋とコンクリートを組み合わせることの利点を3つ挙げなさい。
■ 演習問題 1-3 ■　RCの特徴を挙げなさい。
■ 演習問題 1-4 ■　図の↓の様に荷重が作用するとき、部材に作用する曲げモーメントおよびせん断力に抵抗できるよう、鉄筋を配置しなさい。

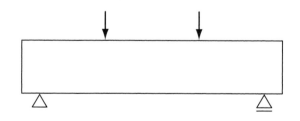

■ 演習問題 1-5 ■　限界状態設計法とはどの様な設計法か説明しなさい。
■ 演習問題 1-6 ■　限界状態設計法における要求性能を挙げ、それぞれについて説明しなさい。
■ 演習問題 1-7 ■　安全係数の種類を挙げなさい。
■ 演習問題 1-8 ■　安全係数について説明しなさい。
■ 演習問題 1-9 ■　限界状態設計法での安全性の照査手順を示しなさい。

構造力学・材料力学の基礎

　1章でも述べましたが、鉄筋コンクリート（以降、RC）の設計では、与えられた外力によって部材に生じる断面力や変形等が、要求される性能から定められる限界値や許容値を超えないようにしなければなりません。そのためには、断面力や変位・変形の算定方法等、構造力学の基礎を理解している必要があります。

　読者の皆さんはすでに習った内容かもしれませんが、本章でしっかりと復習しておきましょう。

1 断面力

　私たちが普段生活をするために使っている建物や橋等には、外部からさまざまな力が作用しています。これらの構造物には、外部から作用する力に耐え、その力をうまく地面に伝えることが求められます。構造物ではスケールが大きいので、まずは身近な棒をイメージしてみましょう。棒部材を引っ張ったり押したり、さらには曲げたりするような力をかけると、図2・1に示すようにさまざまな形状に変化（変形）しますが、最後には静止して（釣り合って）落ち着きます。このとき、棒部材に作用している力を外力、外力によって部材が変形したために部材内部に生じる力を内力（断面力）といいます。

　代表的な断面力としては、軸方向力（以降、軸力）、せん断力、曲げモーメントがあります。ここでは、これら3つの力について解説します。

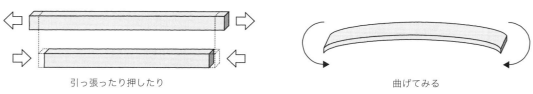

図2・1　外力による変形

1 軸力

部材を引っ張ったり押したりすると、図2・2のように伸びたり縮んだりします。このように、外力によって部材の内部が引っ張られたり縮んだりするような力を軸力（N）といいます。

軸力には引っ張られる（伸びる）方向の「引張力」と圧縮される（縮む）方向の「圧縮力」がありますが、それぞれの向きによって、構造力学では引張を正（＋）、圧縮を負（－）と表現しています。ただし、コンクリート構造学では、圧縮力にN'（エヌ ダッシュ）と、記号にダッシュ（'）を付けて表現することに注意してください。

2 せん断力

図2・3に示すように単純ばりの中央に集中荷重が作用する場合を考えます。この外力は両端の支点によって支えられているので、荷重の作用位置から支点に向かって力が伝達されなければなりません。

図2・2 軸力を受ける部材の変形

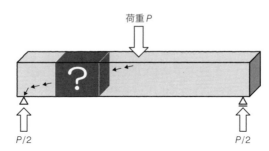

図2・3 荷重を受けるはりにおける力の伝達

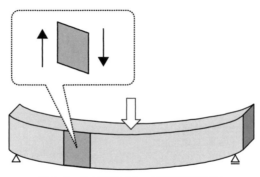

図2・4 せん断力によって変形する部材

その結果、図 2·4 に示すように、この力によって長方形（直方体）だった部材は平行四辺形（平行六面体）に変形させられることになります。このように、部材内部で長方形だった断面を平行四辺形に変形させる力をせん断力（S）といいます。狭い範囲で見てみると、ちょうどハサミで物を切るときの力と同じになります。ここで、構造力学ではせん断力を一般に「S」で表現していますが、コンクリート構造学では「V」で表現することに注意してください。本章では、構造力学の表現に習ってせん断力を「S」で表現していきます。

　符号について説明します。単純ばりを見てもわかるように、左上がりに変形する場合（荷重より左側）と、右上がりに変形する場合（荷重より右側）の 2 通りがあり、図 2·5 に示すように左上がりに変形する場合、つまり部材を時計回りに変形させる場合を正（＋）、右上がりに変形する場合を負（－）としています。

3 曲げモーメント

　図 2·3 に示したように単純ばりの中央に集中荷重が作用する場合を考えます。このとき、はりは図 2·6 に示すように外力によって弓なりに変形します。

　このとき部材は荷重が作用している側、つまり上側は圧縮されるように、下側は引っ張られるように力が作用し、扇形に変形します。このように長方形の断面を扇形に変形させるために、回転して曲げるような作用を曲げモーメント（M）といいます。

　符号については、図 2·7 に示すように、部材を曲げるときの回転方向によって、下側に広がる

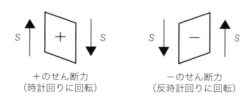

図 2·5　せん断力の符号

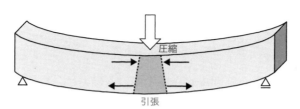

図 2·6　曲げによるはりの変形

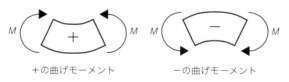

図 2·7　曲げモーメントの符号

表 2・1　代表的な荷重状態における最大せん断力および最大曲げモーメント

荷重状態	最大せん断力	最大曲げモーメント
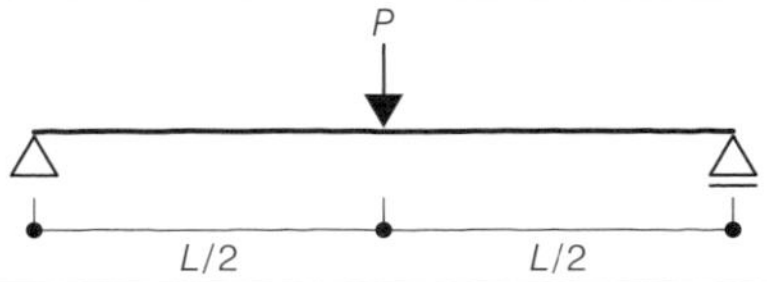 単純梁・中央集中荷重 P（$L/2$, $L/2$）	$S_{max} = \pm \dfrac{P}{2}$	$M_{max} = \dfrac{P \cdot L}{4}$
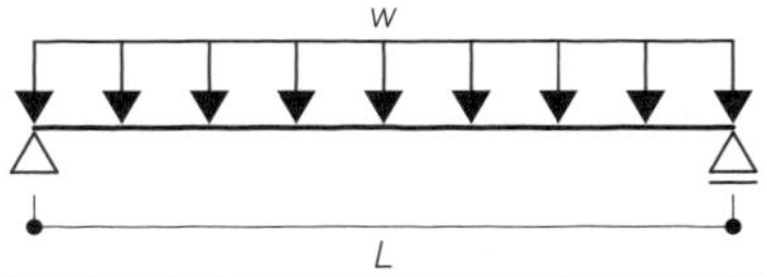 単純梁・等分布荷重 w（スパン L）	$S_{max} = \pm \dfrac{w \cdot L}{2}$	$M_{max} = \dfrac{w \cdot L^2}{8}$
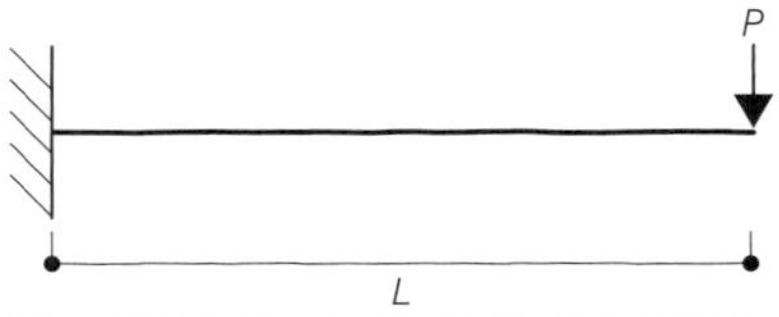 片持梁・先端集中荷重 P（長さ L）	$S_{max} = P$	$M_{max} = -P \cdot L$
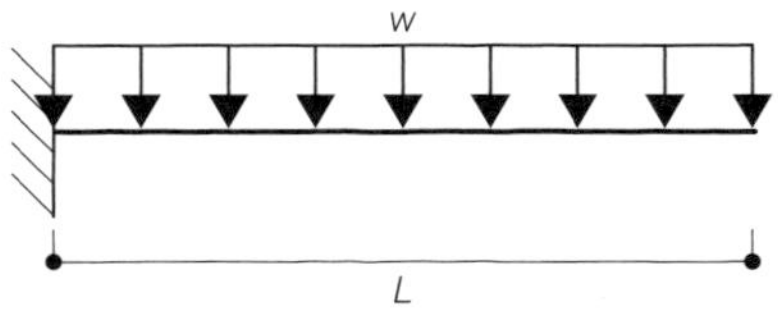 片持梁・等分布荷重 w（長さ L）	$S_{max} = w \cdot L$	$M_{max} = -\dfrac{w \cdot L^2}{2}$

ように変形する場合を正（＋）、上側に広がるように変形する場合を負（－）としています。

表 2・1 に代表的な荷重状態における最大せん断力と最大曲げモーメントを示します。

2 応力とひずみ

1 応力

前節では、外力によって部材の内部に生じる力（軸力、せん断力、曲げモーメント）を学びました。しかし、部材の断面には大きさがあります。例えば図 2・8 に示すように、同じ大きさの軸力が作用しても、大きな断面で受け持つ場合と小さな断面で受け持つ場合では、その負担は違ってきます。

つまり、図 2・9 に示すように、断面内に作用している軸力は、1 点に作用しているのではなく、断面全体に分布して作用しているということです。これを単位面積あたりに換算したものが応力（σ）であり、軸応力の合力が軸力となります。軸力と軸応力との関係は次式で表すことができます。

$$\sigma = \dfrac{N}{A} \tag{2.1}$$

　　σ：軸応力（N/mm^2）
　　N：軸力（N）
　　A：断面積（mm^2）

ここで、材料の強度について考えてみましょう。材料の強度も同じく、力を受け持つ断面積が大きくなると、よりたくさんの力を受け持つことができます。そのため、使用する材料の強度は一定の断面積に対してどれくらいの力を受け持つことができるのか、つまり単位面積あたりに受け持つことができる力で表さなければなりません。

2 ひずみ

　部材を引っ張ったり圧縮したりすると、伸びたり縮んだりします。部材に軸引張力を作用させたとき、部材断面には全長（l）にわたって一様に引張応力が作用し、均等に伸びます。この引張応力によって伸びた長さをΔlとすると、引張応力が作用している部材の長さ（l）が長いほどたくさん伸びることになります（図2・10）。

　そこで、元の長さlに対してどれだけ伸びたか（あるいは縮んだか）を割合で表したものをひずみ（ε）といいます。割合ですから当然単位はありません（無次元）。

$$\varepsilon = \frac{\Delta l}{l} \tag{2.2}$$

　　　Δl：伸びたあるいは縮んだ長さ（mm）
　　　l：部材の元の長さ（mm）

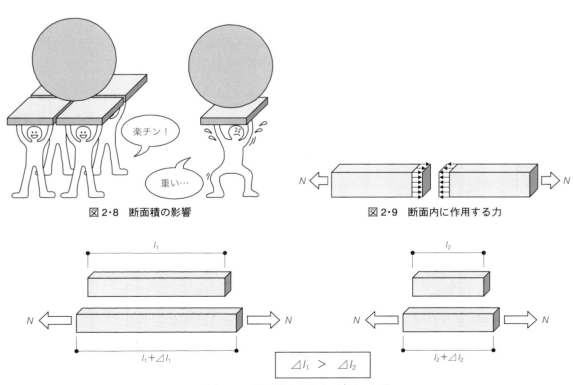

図2・8　断面積の影響　　　　　　　図2・9　断面内に作用する力

図2・10　軸引張力を受ける部材の変形

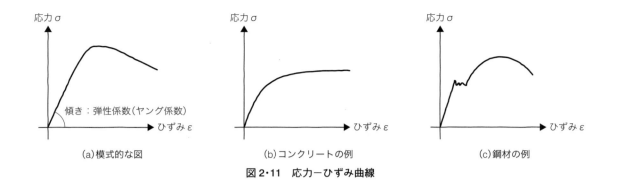

図 2・11 応力－ひずみ曲線

3 応力とひずみの関係

応力とひずみにはどのような関係があるのでしょうか。図2・11は、応力とひずみの関係を模式的に示したものです。一般には「応力－ひずみ曲線」と呼ばれています。

物理学では、力と伸びについては比例関係を示す「フックの法則」があります。また、フックの法則が成り立つ物体を弾性体といいます。

図2・11 (b) (c) に示すように、コンクリート、鉄筋ともに、変形が小さい間はひずみの増加とともに応力が比例的に増加します。したがって、この区間では、いずれについてもフックの法則が適用できるといえます。しかし、応力の値がある値を超えると、応力の増加分よりもひずみの増加分が増え、これが続くと、最終的には応力は増加せず、ひずみだけが大きくなり材料が破壊することになります。

ひずみの増加とともに応力が比例的に増加する間については、フックの法則から応力とひずみには次式の関係が成り立ちます。

$$\sigma = E \cdot \varepsilon \tag{2.3}$$

ここで、E（N/mm²）はヤング係数あるいは弾性係数と呼ばれ、比例区間でのグラフの傾きを表しています。また、ヤング係数は、材料の種類や強度等に応じて決まる定数です。

例題 1

図に示すように、断面が100 mm×100 mmの柱に50 kNの軸力が作用しました。
① 柱に作用する圧縮応力 σ' を求めなさい。
② 柱に生じているひずみを求めなさい。ただし、柱に使用している材料のヤング係数は $E = 30$ kN/mm² とします。
③ 柱の長さが5 mだとすると柱の縮み（$\varDelta l$）を求めなさい。

[解 答]

① $\sigma' = \dfrac{N}{A} = \dfrac{50 \text{ kN}}{100 \text{ mm} \cdot 100 \text{ mm}} = \dfrac{50 \times 10^3 \text{ N}}{10000 \text{ mm}^2} = 5 \text{ N/mm}^2$

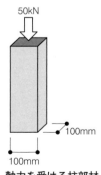

軸力を受ける柱部材

② $\sigma' = E \cdot \varepsilon'$ より

$$\varepsilon' = \frac{\sigma'}{E} = \frac{5 \text{ N/mm}^2}{30 \times 10^3 \text{ N/mm}^2} = 167 \times 10^{-6}$$

③ ひずみ $\varepsilon' = \frac{\Delta l}{l}$ より

$$\Delta l = \varepsilon' \cdot l = 167 \times 10^{-6} \cdot 5 \times 10^3 \text{ mm} = 0.84 \text{ mm}$$

4 組合せ部材における応力とひずみ

　これまでは単一な材料での応力について説明してきました。しかし、RCのように複数の材料から構成されている部材についての応力はどのようにして求められるのでしょうか。ここでは、複数の異なる材料が一体となって部材を構成（組合せ部材）したときに、それぞれの材料に生じる応力について説明します。

　例えば、図2・12に示すようなRC柱に軸方向荷重が作用する場合を考えてみます。コンクリートのヤング係数と鉄筋のヤング係数は異なりますので、実際には同じ大きさの荷重が別々に作用した場合にはヤング係数の小さいコンクリートの変形が大きくなります。しかし、部材は一体となって外力に抵抗しますので、コンクリートだけが大きく変形することはありません。

　部材に作用している外力 N' は鉄筋およびコンクリートで受け持たなければならないことから、力の釣合より、

$$N' = N'_s + N'_c = \sigma'_s \cdot A_s + \sigma'_c \cdot A_c \tag{2.4}$$

　　σ'_s, σ'_c：鉄筋およびコンクリートに作用する圧縮応力
　　A_s, A_c：鉄筋およびコンクリートの断面積

また、複数の材料が一体となって外力に抵抗していることから、部材全体に生じているひずみ ε' はそれぞれの材料に生じているひずみに等しくなります。

$$\varepsilon' = \varepsilon'_s = \varepsilon'_c \tag{2.5}$$

　　ε'_s, ε'_c：鉄筋およびコンクリートのひずみ

それぞれの材料におけるフックの法則は、$\sigma'_s = E_s \cdot \varepsilon'_s$、$\sigma'_c = E_c \cdot \varepsilon'_c$ であることから、これら3式より、部材に作用している外力 N' は、

$$N' = E_s \cdot \varepsilon' \cdot A_s + E_c \cdot \varepsilon' \cdot A_c = \varepsilon'(E_s \cdot A_s + E_c \cdot A_c) \tag{2.6}$$

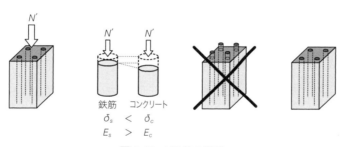

図2・12　RC柱の変形

となり、部材全体に作用しているひずみε'は、次式で求めることができます。

$$\varepsilon' = \frac{N'}{E_s \cdot A_s + E_c \cdot A_c} \tag{2.7}$$

したがって、それぞれの材料に作用する応力は次式で求めることができます。

$$\sigma'_s = E_s \cdot \varepsilon' = \frac{N' \cdot E_s}{E_s \cdot A_s + E_c \cdot A_c} = \frac{N'}{A_s + \frac{E_c}{E_s} \cdot A_c} \tag{2.8a}$$

$$\sigma'_c = E_c \cdot \varepsilon' = \frac{N' \cdot E_c}{E_s \cdot A_s + E_c \cdot A_c} = \frac{N'}{\frac{E_s}{E_c} \cdot A_s + A_c} \tag{2.8b}$$

ここで、$E_s/E_c = n$ とすると、式 (2.8a)、(2.8b) は、

$$\sigma'_s = \frac{N'}{\frac{1}{n}(n \cdot A_s + A_c)} \tag{2.8a}'$$

$$\sigma'_c = \frac{N'}{n \cdot A_s + A_c} \tag{2.8b}'$$

と表すことができます。つまり、鉄筋およびコンクリートに作用する応力には次の式が成り立つことがわかります。

$$\sigma'_s = n \cdot \sigma'_c \tag{2.8a}''$$

$$\sigma'_c = \frac{1}{n} \cdot \sigma'_s \tag{2.8b}''$$

このときのnをヤング係数比といいます。

3 断面の性質

ここでは、構造物に生じる応力やたわみの計算に必要となる断面の諸性質について解説します。

1 断面一次モーメントと図心

構造物を設計する際、部材寸法や形状を定めるためには、断面の中心に相当する図心を求める必要があります。

図心を求める際には、図形の微小面積dAを力と考えて、微小面積力dAと、ある点からの距離x、yをかけて、モーメントxdA、ydAを集積します。この断面積×距離を集積したものを断面一次モーメントGといいます（図2・13）。

断面一次モーメントはそれぞれの軸に対して、

x軸に関する断面一次モーメント：$G_x = \Sigma y\,dA = \int y\,dA$ (2.9a)

y軸に関する断面一次モーメント：$G_y = \Sigma x\,dA = \int x\,dA$ (2.9b)

図心Gの座標をG(x_0, y_0)とすると、図心x_0、y_0は、

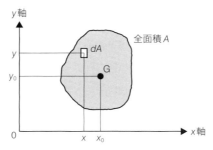

図 2・13 断面一次モーメントと図心

$$x_0 = \frac{y\text{軸に関する断面一次モーメント}}{\text{面積の合計}} = \frac{\Sigma A_i \cdot x_i}{\Sigma A_i} = \frac{G_y}{A} \tag{2.10a}$$

$$y_0 = \frac{x\text{軸に関する断面一次モーメント}}{\text{面積の合計}} = \frac{\Sigma A_i \cdot y_i}{\Sigma A_i} = \frac{G_x}{A} \tag{2.10b}$$

で表すことができます。

例題 2

図に示す平面図形の図心位置 y_0 を求めなさい。

解　答

図心 G が y 軸上にあることから、$x_0 = 0$。
x 軸に関する断面一次モーメント

$$\begin{aligned}G_x &= A_1 \cdot y_1 + A_2 \cdot y_2 \\ &= 2400 \cdot 50 + 1600 \cdot 10 \\ &= 136000 \text{ mm}^3\end{aligned}$$

∴ 図心位置

$$y_0 = \frac{G_x}{A} = \frac{136000}{4000} = 34 \text{ mm}$$

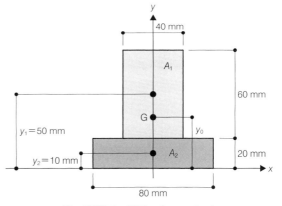

逆 T 形断面の断面一次モーメント

2 断面二次モーメント

x 軸、y 軸から部材断面中の微小面積 dA に、そこまでの距離の 2 乗 x^2、y^2 を乗じたものの集積を断面二次モーメント I といいます（図 2・14）。断面二次モーメントは、はりのように曲げを受ける部材に生じる応力や変形（たわみ）に大きく影響し、構造物の設計にはとても大事な指標となります。

$$I_x = \Sigma y^2 dA = \int y^2 dA \tag{2.11a}$$
$$I_y = \Sigma x^2 dA = \int x^2 dA \tag{2.11b}$$

一般によく使われる長方形断面の断面二次モーメントを求めてみましょう。

まずは、図心位置を通る軸（図心軸）nx に関する断面二次モーメントを求めてみます（図 2・15）。

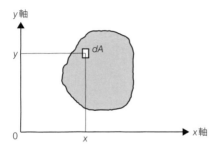

図2・14　断面二次モーメントの考え方

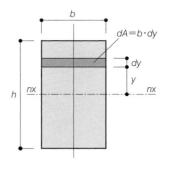

図2・15　断面二次モーメント I_{nx} の考え方

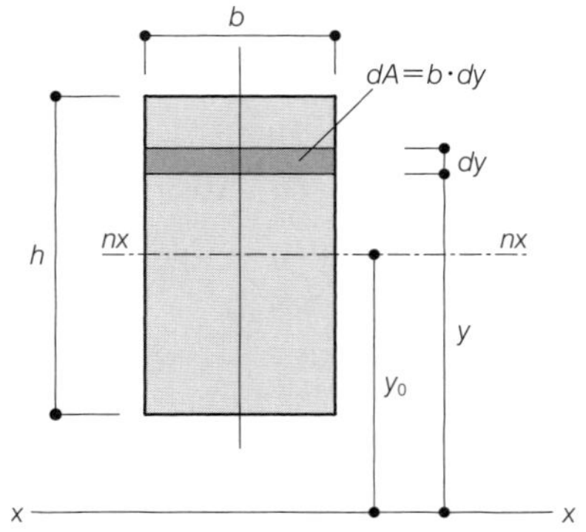

図2・16　断面二次モーメント I_x の考え方

$$dA = b \cdot dy$$
$$I_{nx} = \Sigma y^2 dA = \int_{-\frac{h}{2}}^{+\frac{h}{2}} b \cdot y^2 dy$$
$$= b \left[\frac{1}{3} y^3\right]_{-\frac{h}{2}}^{+\frac{h}{2}} = \frac{b}{3}\left\{\left(\frac{h}{2}\right)^3 - \left(-\frac{h}{2}\right)^3\right\} = \frac{b \cdot h^3}{12} \tag{2.12}$$

この公式は大変重要ですので覚えておきましょう。

次に、図心軸 $nx - nx$ から y_0 離れた $x - x$ 軸に関する断面二次モーメントを求めてみます（図2・16）。

$$I_x = \Sigma y^2 dA = \int_{y_0 - \frac{h}{2}}^{y_0 + \frac{h}{2}} b \cdot y^2 dy$$
$$= \frac{b}{3}\left\{\left(y_0 + \frac{h}{2}\right)^3 - \left(y_0 - \frac{h}{2}\right)^3\right\} = \frac{b}{3}\left(3 y_0^2 \cdot h + \frac{h^3}{4}\right)$$
$$= \frac{b \cdot h^3}{12} + y_0^2 \cdot b \cdot h = \frac{b \cdot h^3}{12} + y_0^2 \cdot A$$
$$= I_{nx} + y_0^2 \cdot A \tag{2.13}$$

つまり、図心軸から y_0 離れた軸に関する断面二次モーメントは、図心軸に関する断面二次モーメントに $y_0^2 \cdot A$ を加えたものとなります。

例題3

図に示す箱形断面の図心軸 $nx-nx$ に関する断面二次モーメントを求めなさい。

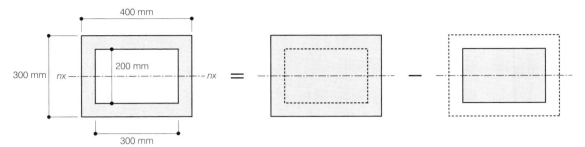

箱形断面の断面二次モーメント

解答

箱形断面の断面二次モーメントは全体から不要な断面を差し引いて求めることができます。ただし、全体の断面の図心軸と不要な断面の図心軸は一致していなければいけません。

$$I = \frac{400 \cdot 300^3}{12} - \frac{300 \cdot 200^3}{12} = 7 \times 10^8 \text{ mm}^4$$

例題4

図に示すT形断面の図心軸 $nx-nx$ に関する断面二次モーメントを求めなさい。

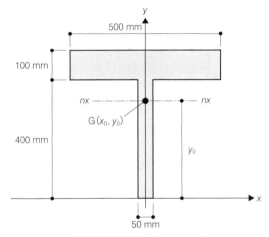

T形断面の断面二次モーメント

解答

求めなければならない断面二次モーメントは図心軸に関する値なので、まずは図心位置 y_0 を求めます。図心位置は断面一次モーメントから求められます。

x 軸に関する断面一次モーメントは、

$$G_x = 500 \cdot 100 \cdot 450 + 50 \cdot 400 \cdot 200$$
$$= 2.65 \times 10^7 \text{ mm}^3$$
$$A = 500 \cdot 100 + 50 \cdot 400 = 7 \times 10^4 \text{ mm}^2$$

$$\therefore \quad y_0 = \frac{G_x}{A} = \frac{2.65 \times 10^7}{7 \times 10^4} = 378 \text{ mm}$$

つまり、底辺より378 mm の位置に図心軸があります。求めたい断面二次モーメントは図心軸に関する値ですが、フランジ、ウェブそれぞれの断面の図心位置は全体のT形断面の図心軸を通っていませんので、まずは底辺を通る x 軸に関する断面二次モーメントを求めます。

底辺を通る軸に関する断面二次モーメント I_x は、

$$I_x = \left(\frac{500 \cdot 100^3}{12} + 450^2 \cdot 500 \cdot 100\right) + \left(\frac{50 \cdot 400^3}{12} + 200^2 \cdot 50 \cdot 400\right) = 1.12 \times 10^{10} \text{ mm}^4$$

図心軸から y_0 だけ離れた位置における断面二次モーメントは、$I_x = I_{nx} + y_0^2 \cdot A$ より、図心軸に関する断面二次モーメントは、

$$I_{nx} = I_x - y_0^2 \cdot A = 1.12 \times 10^{10} - 378^2 \cdot 70000 = 1.20 \times 10^9 \text{ mm}^4$$

となります。

3 断面係数

図心を通る軸（図心軸）に関する断面二次モーメント I_{nx} を、その軸から上下端までの距離（縁端距離）y_c、y_t で除した値を断面係数 W といいます。断面係数は曲げを受けるはり部材の断面に生じる曲げ応力を求める際に必要になります（図2・17）。

$$W_c = \frac{I_{nx}}{y_c} \tag{2.14}$$

$$W_t = \frac{I_{nx}}{y_t} \tag{2.15}$$

長方形断面の場合の断面係数は、

$$W = \frac{I_{nx}}{\frac{h}{2}} = \frac{\frac{b \cdot h^3}{12}}{\frac{h}{2}} = \frac{b \cdot h^2}{6} \tag{2.16}$$

となります（図2・18）。

例題5

例題4に示すT形断面の断面係数 W_c および W_t を求めなさい。

[解 答]

例題4より底辺から図心軸までの距離は、

$$y_0 = y_t = 378 \text{ mm}$$

$$\therefore \ y_c = 500 - 378 = 122 \text{ mm}$$

図心軸に関する断面二次モーメント $I_{nx} = 1.20 \times 10^9 \text{ mm}^4$ なので、

$$W_c = \frac{I_{nx}}{y_c} = \frac{1.20 \times 10^9}{122} = 9.84 \times 10^6 \text{ mm}^3$$

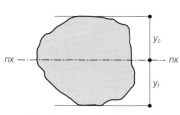

図2・17　断面係数の考え方

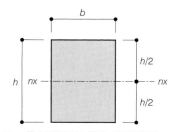

図2・18　長方形断面の場合の断面係数の考え方

$$W_t = \frac{I_{nx}}{y_t} = \frac{1.20 \times 10^9}{378} = 3.17 \times 10^6 \text{ mm}^3$$

となります。

4 断面二次半径

細長い棒や定規等を机の上に立てて、図2・19のように上から押してみましょう。棒あるいは定規はまっすぐ縮まずに弓なりに曲がってしまいます。この現象を座屈といいます。座屈は部材が薄いほどあるいは細長いほど起こりやすく、構造物を支える柱等ではこの影響を考慮しなければなりません。

長さ l の棒部材において座屈する部分の変曲点間の長さを表す有効座屈距離 l_e と r との比 (l_e/r) を細長比といいます（図2・20）。このときの r を断面二次半径といいます。この細長比が大きいほどその部材は座屈しやすいことを表しますので、構造物の断面特性として断面二次半径は重要な指標となります。

断面二次半径は次式で求められます。

$$r = \sqrt{\frac{I}{A}} \tag{2.17}$$

I：図心軸に関する断面二次モーメント（mm）
A：断面積（mm²）

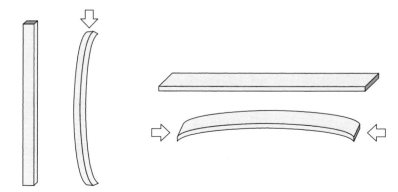

図2・19　座屈による変形

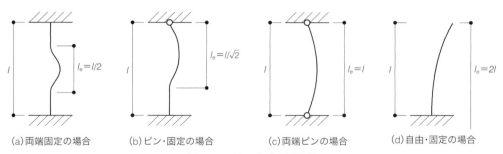

(a) 両端固定の場合　(b) ピン・固定の場合　(c) 両端ピンの場合　(d) 自由・固定の場合

図2・20　柱の有効座屈距離

4 曲げを受ける部材に生じる応力とたわみ

1 曲げ応力

はりに上載荷重が作用すると、図2・21に示すように曲げ変形が生じます。ただし、実際の構造物では微小な変形にすぎません。しかし、微小に変形することによってはりは曲げられますので、はりの下側は軸方向に引っ張られ、逆に上側は圧縮されることになります。つまり、部材軸に垂直な断面では上縁で圧縮応力が、下縁では引張応力が最も大きくなります。さらにその中間では圧縮も引張も受けない断面が存在することになります。ちょうど力が正から負に変わる位置といっていいでしょう。この位置を中立軸といいます。中立軸は部材軸方向全長にわたって存在しますので、これらを合わせれば中立面となります。

実際の構造物は安全性を考慮して設計されることから、荷重の作用による曲げ変形は非常に小さく、変形前にはりの中立軸に対して垂直な断面は、変形後も曲がった中立軸に対して垂直で、かつ、平面を保つと仮定します。これを平面保持の仮定といいます。この仮定に従えば、変形による部材軸に垂直な断面のひずみの分布は、はりの上下縁に近いほど大きくなり、かつ、直線で分布することになります。その結果、弾性体ではフックの法則により、図2・22に示すように応力の分布も直線で分布することになります。

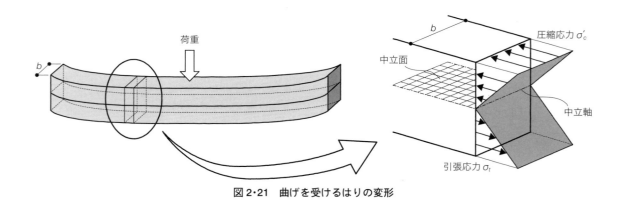

図2・21 曲げを受けるはりの変形

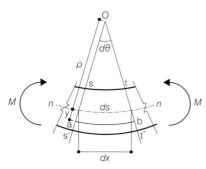

図2・22 断面内の応力状態 図2・23 曲げ変形した部材の微小区間

では、曲げによって部材が受ける応力はどのようにして求められるのでしょうか。

曲げによって変形した部材の微小区間を図示したものが図2·23です。

2つの断面 ss' と tt' は曲がった中立軸に対しても垂直であることから、ss' と tt' の線を延長すると点Oで交わります。そこで、中立面 $n-n$ の曲線を曲率半径 ρ の円曲線とみなし、ss' と tt' の延長線のなす中心角を $d\theta$ とすると、円弧 ds と中心角 $d\theta$ との幾何学的関係は、以下のように表すことができます。

$$ds = \rho \cdot d\theta \fallingdotseq dx$$

一方、曲率 ϕ（曲率半径の逆数）は、次式で表されます

$$\phi = \frac{1}{\rho} = \frac{d\theta}{dx} \tag{2.18}$$

中立面 $n-n$ より y 離れた位置 ab の伸びは、変形後における ab 長さが $(\rho+y)d\theta$ であることから、変形前の ab の長さ dx を減じて、

$$伸び = (\rho+y)d\theta - dx = \rho \cdot d\theta + y \cdot d\theta - dx = dx + y \cdot d\theta - dx = y \cdot d\theta$$

となります。つまり、ab におけるひずみ ε は、

$$\varepsilon = \frac{\sigma}{E} = \frac{y \cdot d\theta}{dx} = \frac{y}{\rho} \tag{2.19}$$

となり、応力 σ は次式で求められます。

$$\sigma = \frac{E}{\rho} \cdot y \tag{2.20}$$

次に、曲げモーメント M と曲げによって生じる応力 σ について考えてみましょう。

曲げモーメント M は、中立軸 $n-n$ より y の位置における微小面積 dA および作用する応力 σ との積 $(\sigma \cdot dA)$ を力とすると、図心軸 $n-n$ 周りの微小モーメントである $dM = (\sigma \cdot dA)y$ を積分したものとなります（図2·24）。

つまり、

$$M = \int dM = \int (\sigma \cdot dA)y = \int \frac{E}{\rho} \cdot y \cdot dA \cdot y = \frac{E}{\rho} \int y^2 dA$$

$\int y^2 dA = I$（断面二次モーメント）であることから、

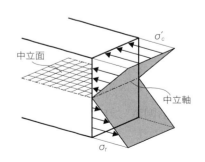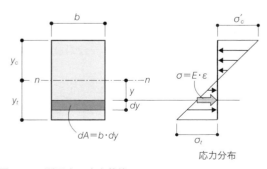

図2·24　断面内の応力状態

$$M = \frac{E}{\rho}\int y^2 dA = \frac{E \cdot I}{\rho} \quad \text{または、} \quad \frac{1}{\rho} = \frac{M}{E \cdot I} \tag{2.21}$$

ここで、$E \cdot I$ は、曲げによる変形のしやすさを表す指標であり、曲げ剛性といいます。

曲げモーメント M によって生じる曲げ応力 σ は、

$$\sigma = \frac{E}{\rho} \cdot y = \frac{M}{E \cdot I} \cdot E \cdot y = \frac{M}{I} \cdot y \tag{2.22}$$

となります。

さらに、断面係数 $W\left(=\dfrac{I}{y}\right)$ を用いれば、

$$\sigma = \frac{M}{W} \tag{2.23}$$

で表すことができます。

例題6

例題4に示すT形断面のはりに曲げモーメント $M = 30\ \text{kN}\cdot\text{m}$ が作用するときの、上縁の圧縮応力 σ' および下縁の引張応力 σ を求めなさい。

解 答

計算に先立って、単位をそろえておく必要があります。

曲げモーメント $M = 30\ \text{kN}\cdot\text{m} = 30 \times 10^6\ \text{N}\cdot\text{mm}$

例題4より、底辺から図心軸までの距離は、

$y_0 = y_t = 378\ \text{mm}$

∴ $y_c = 500 - 378 = 122\ \text{mm}$

図心軸に関する断面二次モーメント $I_{nx} = 1.20 \times 10^9\ \text{mm}^4$ なので、

圧縮応力　$\sigma' = \dfrac{M}{I_{nx}} \cdot y_c = \dfrac{30 \times 10^6}{1.20 \times 10^9} \cdot 122 = 3.05\ \text{N/mm}^2$

引張応力　$\sigma = \dfrac{M}{I_{nx}} \cdot y_t = \dfrac{30 \times 10^6}{1.20 \times 10^9} \cdot 378 = 9.45\ \text{N/mm}^2$

2 せん断応力

はりに曲げ荷重が作用すると、はりは変形します。このとき、はりには曲げモーメントだけでなく、せん断力も作用します（図2・25）。ここでは、せん断力によってはり断面に発生するせん断応力について説明します。

図2・26に示すように、曲げ変形を受けたはりの微小長さ dx 分の断面を取り上げます。この断面には図に示すように、曲げモーメント M による曲げ応力 σ とせん断力 S によるせん断応力 τ が作用していることになります。

部材軸方向を x 軸とすれば、x 軸方向の力の釣合より、

$$-\int_A \sigma \cdot dA + \int_A (\sigma + d\sigma) dA - \tau' \cdot b \cdot dx = 0$$

力＝応力×面積

$$\therefore \quad \tau' = \frac{1}{b \cdot dx} \int_A d\sigma \, dA$$

ここで、曲げ応力 σ は、$\sigma = \dfrac{M}{I} \cdot y$ より

$$\sigma + d\sigma = \frac{M + dM}{I} \cdot y$$

微小長さ dx での曲げ応力の変化量 $d\sigma$ は、

$$d\sigma = (\sigma + d\sigma) - \sigma = \frac{M + dM}{I} \cdot y - \frac{M}{I} \cdot y = \frac{dM}{I} \cdot y$$

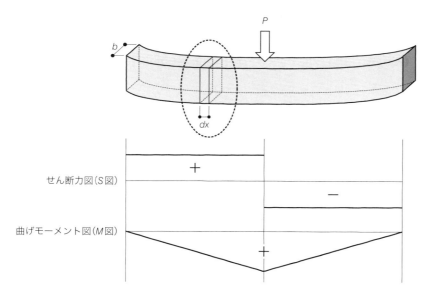

図2・25　曲げ荷重が作用するはりのせん断力図と曲げモーメント図

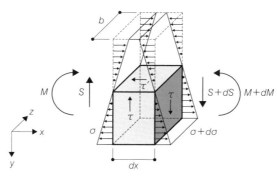

図2・26　曲げ変形を受けたはりのせん断応力

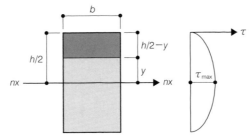

図2・27　長方形断面に作用するせん断応力の分布

であることから、せん断応力 τ' は、

$$\tau' = \frac{1}{b \cdot dx} \int_A \frac{dM}{I} \cdot y \cdot dA = \frac{1}{I \cdot b} \cdot \frac{dM}{dx} \int_A y \, dA$$

となります。

ここで、$\frac{dM}{dx}$ はせん断力 S、$\int_A y \, dA$ は中立軸より遠方にある断面の中立軸に関する断面一次モーメント G を表し、x 軸方向のせん断応力 τ' と y 軸方向のせん断応力 τ は等しい（共役せん断応力といいます）ことから、曲げによって断面に生じるせん断応力 τ は、

$$\tau = \frac{S \cdot G}{I \cdot b} \tag{2.24}$$

で求めることができます。

ここで、断面一次モーメント G は中立軸より遠方にある断面に対して算出される値であることから、はりの上縁あるいは下縁においては $G = 0$ となり、はりの上縁あるいは下縁におけるせん断応力は 0 となります。逆に、中立軸位置でせん断応力が最大となることを覚えておきましょう。

次に、図2・27に示す長方形断面のはりに作用するせん断応力について説明します。

中立軸より y だけ離れた位置における断面一次モーメントは、

$$G = b\left(\frac{h}{2} - y\right)\left\{y + \frac{1}{2}\left(\frac{h}{2} - y\right)\right\} = \frac{b \cdot h^2}{8} - \frac{b \cdot y^2}{2}$$

せん断応力 τ は、

$$\tau = \frac{S \cdot G}{I \cdot b} = S \cdot \frac{12}{b \cdot h^3} \cdot \frac{1}{b}\left(\frac{b \cdot h^2}{8} - \frac{b \cdot y^2}{2}\right) = \frac{1.5 \, S}{b \cdot h}\left(1 - \frac{4y^2}{h^2}\right) \tag{2.25}$$

で表すことができます。この式より、長方形断面に生じるせん断応力は、中立軸位置（$y = 0$）で最大値、上縁および下縁で 0 を示し、y 軸方向に対して二次曲線に分布することが分かります。

$$\tau_{max} = \frac{1.5 \, S}{b \cdot h} = \frac{1.5 \, S}{A} \tag{2.26}$$

3 たわみ

構造物に荷重が作用すると変位・変形が生じます。耐力的に健全な構造物であっても、変位や

変形が大きければ、人々は不安を感じたりします。そのため、構造物は使用性や機能性を満足させる必要があります。作用する荷重には活荷重等の短期的な荷重、死荷重等の長期的な荷重がありますが、本項では短期的な荷重によるはりの変形について説明します。また、RC構造物では、ひび割れにより断面二次モーメントが減少することから、曲げ剛性の低下を考慮する必要がありますが、ここでは、全断面有効と仮定して説明します（図2・28）。

本章4節1項「曲げ応力」で説明したように曲率と曲げモーメントの関係は $\dfrac{1}{\rho} = \dfrac{M}{E \cdot I}$ で表されます。

微分学において、曲率 $\dfrac{1}{\rho}$ は、

$$\frac{1}{\rho} = -\frac{\dfrac{d^2\delta}{dx^2}}{\sqrt[2]{\left\{1+\left(\dfrac{d\delta}{dx}\right)^2\right\}^3}}$$

で表すことができます。図2・29のような微小区間を考えると、$\dfrac{d\delta}{dx}$ は、弾性曲線の x 点における接線のこう配 $\tan\theta$ に等しくなり（$\dfrac{d\delta}{dx} = \tan\theta$）、たわみ δ は一般には非常に小さいことから、たわみ角 θ も小さくなります。つまり、たわみ角 θ は、

$$\frac{d\delta}{dx} = \tan\theta = \theta$$

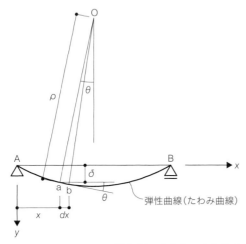

図2・28　たわみ、たわみ角および曲率半径の関係

δ：たわみ（y方向への移動距離）
θ：たわみ角（弾性曲線にひいた接線が変形前のはりの軸 x となす角）

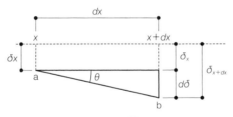

図2・29　微小区間のたわみ

となります。さらに、θ が微小であることから $\dfrac{d\delta}{dx} \fallingdotseq 0$ であり、$\left(\dfrac{d\delta}{dx}\right)^2 = 0$ となることから、曲率 $\dfrac{1}{\rho} = -\dfrac{d^2\delta}{dx^2}$ となります。したがって、曲げモーメントと曲げ剛性の関係は、

$$\frac{d^2\delta}{dx^2} = -\frac{M}{E \cdot I} \tag{2.27}$$

で求めることができます。これを弾性曲線の微分方程式といいます。曲げを受けるはりのたわみは、この方程式を2階積分することによって求めることができます。

曲率　　　：$\dfrac{d^2\delta}{dx^2} = -\dfrac{M}{E \cdot I}$

たわみ角：$\theta = \dfrac{d\delta}{dx} = -\dfrac{1}{E \cdot I} \int M\, dx$

たわみ　：$\delta = -\dfrac{1}{E \cdot I} \int \left(\int M\, dx\right) dx$

↓ 積分
↓ 積分

代表的な荷重状態とそのときのたわみを求める公式を表2・2に示します。

表2・2　代表的な荷重状態におけるたわみ

荷重状態	たわみ
単純支持はり 中央集中荷重 P（スパン $L/2$ + $L/2$）	$\delta = \dfrac{P \cdot L^3}{48 E \cdot I}$
単純支持はり 等分布荷重 w（スパン L）	$\delta = \dfrac{5 w \cdot L^4}{384 E \cdot I}$
片持ちはり 先端集中荷重 P（スパン L）	$\delta = \dfrac{P \cdot L^3}{3 E \cdot I}$
片持ちはり 等分布荷重 w（スパン L）	$\delta = \dfrac{w \cdot L^4}{8 E \cdot I}$

■ **演習問題 2-1** ■　長さ 10 m、直径 500 mm の円形断面の柱に 1000 kN の軸圧縮力が作用しました。柱に作用する圧縮応力 σ'、柱に生じているひずみおよび柱の縮みを求めなさい。ただし、柱に使用している材料のヤング係数 E は 30 kN/mm² とします。

■ **演習問題 2-2** ■　図に示す L 形断面の図心位置 x_0、y_0 を求めなさい。

■ **演習問題 2-3** ■　図に示す L 形断面の図心軸に関する断面二次モーメント I_{nx} を求めなさい。

■ **演習問題 2-4** ■　図に示す T 形断面の断面係数 W_c および W_t を求めなさい。

■ **演習問題 2-5** ■　図に示す T 形断面のはりに曲げモーメント $M = 25$ kN·m が作用するときの、上縁の圧縮応力 σ' および下縁の引張応力 σ を求めなさい。

■ **演習問題 2-6** ■　図に示す T 形断面を有する単純ばりのスパン中央に $P = 120$ kN が作用するとき、支点 A から 3 m の位置の断面に作用する最大せん断応力 τ_{max}、フランジとウェブの接合部のせん断応力 $\tau_{(ウェブ側)}$、$\tau_{(フランジ側)}$、および、スパン中央におけるたわみを求めなさい。ここで、部材のヤング係数 E は 30 kN/mm² とします。

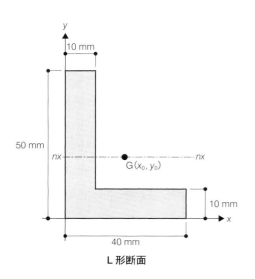

L 形断面

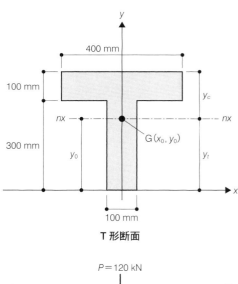

T 形断面

荷重の作用位置

3 コンクリートと鋼材の力学的性質

1 コンクリート

　コンクリート構造物に用いるコンクリートの性能としては、強度、化学的抵抗性、耐久性等が求められます。この節では、鉄筋コンクリート（以降、RC）を設計する際に考慮すべき強度特性と変形特性について説明します。

1 強度特性
①圧縮強度

　コンクリート強度の特性値 f'_{ck}（設計基準強度）には、JIS に準じて測定した圧縮強度を用います。ただし、JIS A 5308 に適合するレディーミクストコンクリートを用いる場合には、購入者が指定する「呼び強度」を圧縮強度の特性値としてもよいことになっています。

　構造用コンクリートとしては、18〜100 N/mm² 程度の圧縮強度のコンクリートが使用されています。近年では圧縮強度が 100 N/mm² 以上の超高強度コンクリートも使用される機会が増えていますが、それに見合った強度の鉄筋が必要となり、必ずしも構造物を効率よく建設することができないため、土木学会『コンクリート標準示方書』（以降、示方書）では $f'_{ck} \leq 80$ N/mm² のコンクリートを使用することとしています。また、PC 構造物においては、導入するプレストレス量の 1.7 倍以上、プレテンション部材の場合では 30 N/mm² の圧縮強度が必要となることから、一般に 40 N/mm² 程度以上の圧縮強度を持つコンクリートが使用されています。

　構造設計の際には、設計基準強度 f'_{ck} をコンクリートの材料係数 γ_c で除した値である設計圧縮強度 $f'_{cd} = f'_{ck} / \gamma_c$ を用います。この材料係数 γ_c は、限界状態ごとに定められている値を使います（表 1・3 参照）。

②引張強度と曲げひび割れ強度

　コンクリートの引張強度は、圧縮強度の 1/13〜1/9 程度ととても小さく、RC の断面設計においては一般に無視されますが、示方書では普通コンクリートの圧縮強度の特性値に基づいて式

(3.1) により求めてよいとしています。また、f'_{ck} が 100 N/mm² を超える超高強度コンクリートの場合には、試験によって適切な引張強度の特性値を求める必要があります。

コンクリートの曲げひび割れ強度は、供試体の寸法の増大や乾燥によって低下します。このため、示方書ではコンクリートの軟化特性や乾燥や水和熱の影響を定量的に考慮した式 (3.2) より求めてよいとしています。

$$f_{tk} = 0.23 \sqrt[3]{f'^{2}_{ck}} \tag{3.1}$$

$$f_{bck} = k_{0b} \cdot k_{1b} \cdot f_{tk} \tag{3.2}$$

f_{tk}：引張強度の特性値（N/mm²）
f_{bck}：曲げひび割れ強度の特性値（N/mm²）
k_{0b}：コンクリートの引張軟化特性に起因する引張強度と曲げ強度の関係を表す係数

$$k_{0b} = 1 + \frac{1}{0.85 + 4.5 \dfrac{h}{l_{ch}}}$$

h：部材の高さ（m）（> 0.2 m）
l_{ch}：特性長さ

$$l_{ch} = G_F \cdot \frac{E_c}{f_{tk}^2}$$

G_F：破壊エネルギー（N/m）

$$G_F = 10 \sqrt[3]{d_{max}} \cdot \sqrt[3]{f'_{ck}}$$

d_{max}：粗骨材の最大寸法（mm）
E_c：ヤング係数

k_{1b}：乾燥、水和熱等、その他の原因によるひび割れ強度の低下を表す係数

$$k_{1b} = \frac{0.55}{\sqrt[4]{h}}$$

例題 1

設計基準強度 $f'_{ck} = 33$ N/mm² の普通コンクリートについて、使用状態での弾性係数を求めなさい。

解 答

表 3·1 により、中間値を直線補間して求めます。

$$E_c = 28 + \frac{31-28}{40-30} \cdot (33-30) = 28.9 \text{ kN/mm}^2$$

表 3·1　コンクリートの設計基準強度 f'_{ck} とヤング係数 E_c の関係

	f'_{ck} (N/mm²)	18	24	30	40	50	60	70	80
E_c (kN/mm²)	普通コンクリート	22	25	28	31	33	35	37	38
	軽量骨材コンクリート*	13	15	16	19	—	—	—	—

＊細・粗骨材がすべて軽量骨材の場合

③支圧強度

橋梁の支承部分やプレストレストコンクリートのPC鋼材定着部等では、コンクリートが局部的な圧縮応力（支圧応力）を受ける場合があります。示方書では、コンクリートの支圧強度を式（3.3）により求めてよいとしています（図3・1）。

$$f'_{ak} = \sqrt{\frac{A}{A_a}} \cdot f'_{ck} \tag{3.3}$$

f'_{ak}：支圧強度の特性値（N/mm²）
A：コンクリート面の支圧分布面積（mm²）
A_a：支圧を受ける面積（mm²）

ただし、$\sqrt{\dfrac{A}{A_a}} \leq 2$

なお、骨材のすべてを軽量骨材とする軽量骨材コンクリートの場合には、式（3.1）〜（3.3）で求めた各強度の特性値の70%とすることが示方書で規定されています。

2 応力－ひずみ関係とヤング係数

円柱供試体の一軸圧縮試験より求められるコンクリートの応力－ひずみ関係は、図3・2（a）のようになりますが、設計の際には（b）のようにモデル化した応力－ひずみ関係を用います。そこでは、寸法や応力状態が供試体と実構造物とで異なることが考慮されています。このとき、寸法や応力状態の影響を考慮する係数 k_1、および終局ひずみ ε'_{cu} は、圧縮強度の関数として、次式で与えられています。

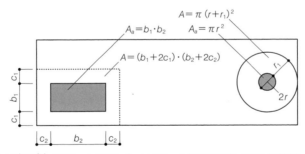

図3・1 支圧面積のとり方の例（出典：土木学会『コンクリート標準示方書（2012年制定）［設計編］』p.36、2013）

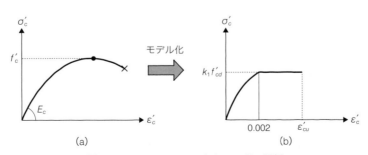

図3・2 コンクリートの応力－ひずみ関係

$$k_1 = 1 - 0.003 f'_{ck} \quad (k_1 \leq 0.85) \tag{3.4}$$

$$\varepsilon'_{cu} = \frac{155 - f'_{ck}}{30000} \quad (0.0025 \leq \varepsilon'_{cu} \leq 0.0035) \tag{3.5}$$

ただし、$f'_{ck} \leq 80 \text{ N/mm}^2$

　また、使用状態ではコンクリートは弾性体と仮定することができるため、実験式から近似される表3·1のヤング係数を用いて設計を行います（表中に示されている値の中間値は直線補間して求めます）。なお、許容応力度設計法では、ヤング係数 $E_c = 14 \text{ kN/mm}^2$、応力計算に用いるヤング係数比 n $(= E_s/E_c)$ として $n = 15$ が採用されていました。

　また、作用する力の方向の変形と直角方向の変形との比をポアソン比 ν といい、弾性範囲内では0.2、引張を受け、ひび割れを許容する場合には0が用いられています。

例題2

設計基準強度 $f'_{ck} = 33 \text{ N/mm}^2$ の普通コンクリートを用いるときの引張強度の特性値、および曲げひび割れ強度の特性値を求めなさい。ただし、粗骨材最大寸法 $d_{max} = 25 \text{ mm}$、高さ $h = 800 \text{ mm}$ とします。

解答

式3·1により、引張強度の特性値　$f_{tk} = 0.23 \sqrt[3]{f'^2_{ck}} = 0.23 \cdot \sqrt[3]{33^2} = 2.37 \text{ N/mm}^2$

式3·2により、曲げひび割れ強度の特性値　$f_{bck} = k_{0b} \cdot k_{1b} \cdot f_{tk} \text{ N/mm}^2$

$$k_{0b} = 1 + \frac{1}{0.85 + 4.5 \dfrac{h}{l_{ch}}} = 1 + \frac{1}{0.85 + 4.5 \cdot \dfrac{0.8}{0.483}} = 1.12$$

$$l_{ch} = G_F \frac{E_c}{f^2_{tk}} = 93.8 \times 10^{-3} \cdot \frac{28.9 \times 10^3}{2.37^2} = 483 \text{ mm} = 0.483 \text{ m}$$

$$G_F = 10 \sqrt[3]{d_{max}} \cdot \sqrt[3]{f'_{ck}} = 10 \cdot \sqrt[3]{25} \cdot \sqrt[3]{33} = 93.8 \text{ N/m}$$

例題1より $E_c = 28.9 \text{ kN/mm}^2$

$$k_{1b} = \frac{0.55}{\sqrt[4]{h}} = \frac{0.55}{\sqrt[4]{0.8}} = 0.52$$

よって、$f_{bck} = 1.12 \cdot 0.52 \cdot 2.37 = 1.38 \text{ N/mm}^2$

3 クリープと収縮

　コンクリートに長時間応力が作用した状態が続くと、時間の経過とともに変形やひずみが増加していきます（図3·3）。このような現象をクリープと呼んでいます。また、時間の経過とともにコンクリート中の水分が蒸発・逸散することに起因する乾燥収縮や、自己収縮等の収縮ひずみが生じることもあります（図3·4）。

　クリープや収縮によるひずみは、コンクリート構造物の経時変形や、二次応力の発生、PC構造物においてはプレストレスの減少につながります。このため、コンクリート構造物の設計におい

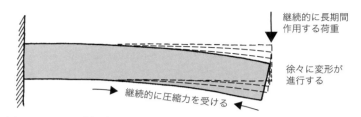

図 3・3　クリープ変形（出典：『図説　やさしい構造設計』学芸出版社、図 3・28）

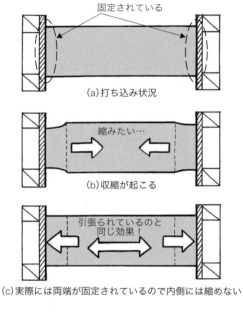

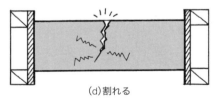

図 3・4　収縮ひび割れ（出典：『図説　わかるメンテナンス』学芸出版社、図 3・21）

ては、クリープひずみや収縮ひずみを考慮し、長期的視点に立った設計も重要になります。ここでは詳述しませんが、示方書にはそれらの考慮方法や算定式が示されています。

2 鋼材

1 鋼材の種類と品質

　RC 構造物に用いる鋼材には、表面形状の違いから普通丸鋼と異形棒鋼の 2 種類があります。JIS には RC 用棒鋼として表 3・2 に示す鉄筋が規格化されており、普通丸鋼は JIS 記号で SR（Steel

Round Bar)、異形棒鋼は JIS 記号で SD（Steel Deformed Bar）とし、記号の次の数字は鉄筋の最小降伏点強度を表しています。鋼材の場合には、この最小降伏点強度を降伏強度の特性値 f_{yk} としています。

異形棒鋼（以下、異形鉄筋）には、図 3·5 に示すような鉄筋表面に「節」、「リブ」と呼ばれる突起が設けられ、コンクリートとの付着強度を高める工夫が施されています。異形鉄筋を使用した RC 部材では、コンクリートに生じるひび割れの分散効果が高まり、ひび割れの幅を小さくすることができます。このため、現在、コンクリート構造物に用いられている鉄筋は、異形鉄筋が主流となっています。

図 3·6 に、使用鉄筋の表記例とその意味を示します。異形鉄筋は断面が均一ではないため、設計計算には巻末付録の公称直径、公称断面積を用います。

2 応力－ひずみ関係とヤング係数

鉄筋の応力－ひずみ関係は図 3·7 (a) のようになりますが、設計の際には (b) のようにモデル化した応力－ひずみ関係を用います。また、比例限界以下の範囲では応力－ひずみ関係は比例関

表 3·2　RC 用棒鋼（JIS G 3112）

区分	種類の記号	降伏点または 0.2%耐力（N/mm²）	引張強さ（N/mm²）
普通丸鋼	SR235	235 以上	380〜520
	SR295	295 以上	440〜600
異形棒鋼	SD295A	295 以上	440〜600
	SD295B	295〜390	440 以上
	SD345	345〜440	490 以上
	SD390	390〜510	560 以上
	SD490	490〜625	620 以上

図 3·5　丸鋼と異形棒鋼（出典：『基礎から学ぶ建築生産』学芸出版社、図 4·3·5）

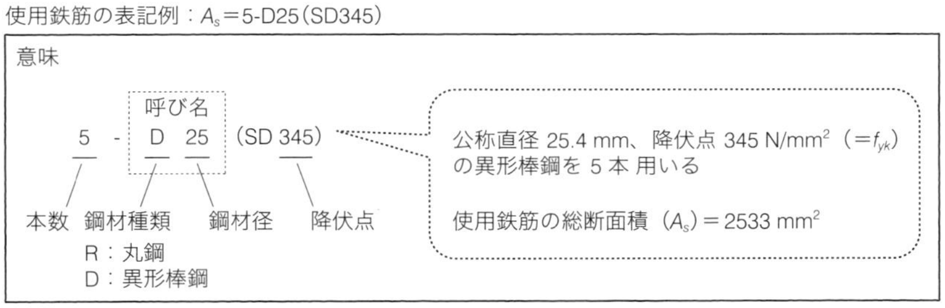

使用鉄筋の表記例：A_s＝5-D25（SD345）

図 3·6　使用鉄筋の表記例とその意味

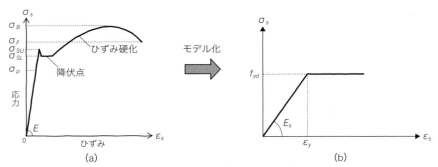

σ_p：比例限界(応力とひずみが比例する限度の応力)
σ_B：引張強さ(最大荷重に対する公称応力)
σ_F：破断強さ(破断荷重に対応する公称応力)
σ_{SU}：上降伏点応力(最初に荷重の減少が観察されるより前の応力の最大値)
σ_{SL}：下降伏点応力(荷重を増加しなくてもひずみが進行する点に対応する応力)
E：ヤング係数(あるいは縦弾性係数)

図3・7　鉄筋の応力ひずみ－関係（(a) のみ出典:『図説　わかる材料』学芸出版社、図6・3aをもとに作成）

▶ COLUMN：鉄筋コンクリート構造物の疲労

　コンクリート構造物には、さまざまな種類の外力が繰り返し作用します。部材耐力よりも小さい荷重であっても繰り返し作用することによって、部材を構成する各材料の静的強度よりも小さい応力によって材料が破壊し、それが部材や構造物の破壊につながることがあります。このような破壊を「疲労破壊」といい、設計耐用期間中に疲労破壊が生じないように構造物を設計する必要があります。

　例えば、道路橋について考えてみると、建設開始と同時に自重（死荷重）が作用し始め、完成後は常に荷重が作用している状態になります。橋梁として供用が開始されると、図のように、人や自動車等、軽いものから重いものまでさまざまな大きさの荷重が作用します。このように構造物に繰り返し作用する荷重の大きさは、一定ではないことがほとんどです。このため、疲労強度は、ある一定の荷重作用に置き換えた場合の繰返し回数（これを等価繰返し回数といいます）によって求められています。示方書では設計疲労強度式を次式で与えています。なお、式中の記号については示方書を参照してください。

コンクリートの設計圧縮疲労強度の算定式　　$f'_{crd} = 0.85 f_d \left(1 - \dfrac{\sigma'_{cp}}{f'_{cd}}\right)\left(1 - \dfrac{\log N}{K}\right)$

鉄筋の設計圧縮疲労強度の算定式　　$f_{srd} = 190 \dfrac{10^\alpha}{N^k}\left(1 - \dfrac{\sigma_{sp}}{f_{ud}}\right) / \gamma_s$

σ'_{cp}：永久荷重によってコンクリートに作用する圧縮応力
N：繰返し回数もしくは等価繰り返し回数
K：$K = 10$（普通コンクリートが継続して、あるいはしばしば水で飽和される場合、および軽量骨材コンクリートの場合）
　　$K = 17$（その他の場合）
α、k：係数、繰返し回数が200万回以内の場合は、
　　$\alpha = 0.81 - 0.003\phi$
　　（ϕ：鉄筋直径）、$k = 0.12$
σ_{sp}：永久荷重によって鉄筋に作用する応力度
f_{ud}：鉄筋の設計引張強度
　　（材料係数 $\gamma_s = 1.05$）

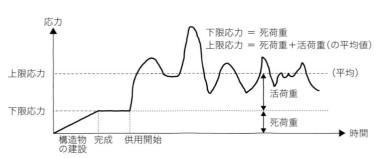

道路構造物に繰り返し作用する変動荷重の例

係にあることから、ヤング係数は鉄筋の種類に関わらず $E_s = 200 \text{ kN/mm}^2$ を用います。

③ コンクリートと鉄筋の付着特性

　コンクリートと鉄筋の付着性が高いということは、コンクリートと鉄筋が一体となって外力に抵抗できるということであり、RC 構造の成立条件として最も重要な条件です。特に異形鉄筋を用いた場合には、コンクリートとの付着強度が著しく向上します。
　示方書では、コンクリートと鉄筋の付着強度の算定式として式（3.6）が示されています。

$$f_{bok} = 0.28 \sqrt[3]{f_{ck}^2} \tag{3.6}$$

　　　f_{bok}：付着強度の特性値（N/mm）（$f_{bok} \leq 4.2 \text{ N/mm}^2$）

普通丸鋼の場合は、異形鉄筋の場合の 40% として、鉄筋端部に半円形フックを設けます。

▶ **COLUMN：コンクリートと鉄筋の付着**

　コンクリートと鉄筋の間に十分な付着が確保されている場合、鉄筋コンクリート中の同じ位置にあるコンクリートと鉄筋は同じ量だけ変形します。
　例えば、図のように中心軸圧縮力 P が作用している鉄筋コンクリート柱について考えてみます。このとき、中心軸圧縮力によって $P = A_c \sigma_c + A_s \sigma_s$ という力の釣合条件が得られます。コンクリートと鉄筋が一体となって挙動するとすれば、このコンクリート柱のひずみ ε は、断面のどの位置においても等しく $\varepsilon = \varepsilon_c = \varepsilon_s$ となります。このことを保証しているのがコンクリートと鉄筋の間の付着です。ただし、コンクリートと鉄筋のヤング係数には約 10 倍の差があるため、それぞれに作用する応力が異なります。この際、同一断面として考えるためにヤング係数比 $n = E_s/E_c$ を用いることで、鉄筋位置での応力を求めることができます。
　2 章でも述べましたが、この完全付着の仮定とフックの法則の関係は、鉄筋コンクリートにおける応力の算定で重要になります。

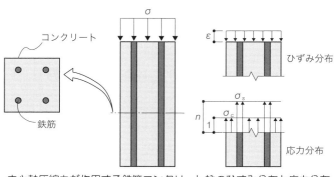

中心軸圧縮力が作用する鉄筋コンクリート柱のひずみ分布と応力分布

■ 演習問題 3-1 ■　強度特性のうち、特にコンクリートの強度特性を表すものとして使用される強度は何ですか。

■ 演習問題 3-2 ■　設計基準強度 $f'_{ck} = 28$ N/mm² の普通コンクリートについて、次の設計値を求めなさい。
① 安全性について照査するとき
② 使用性について照査するとき

■ 演習問題 3-3 ■　降伏強度の特性値 $f_{yk} = 345$ N/mm² の鋼材について、次の設計値を求めなさい。
① 安全性についての照査をするとき
② 使用性についての照査をするとき

■ 演習問題 3-4 ■　設計基準強度 $f'_{ck} = 28$ N/mm² の普通コンクリートについて、次の特性値を求めなさい。
① 引張強度
② 使用性の照査における弾性係数
③ 曲げひび割れ強度（粗骨材最大寸法 $d_{max} = 20$ mm、高さ $h = 700$ mm）

■ 演習問題 3-5 ■　使用鉄筋の表記 8-D32（SD345）の示す意味について説明し、総断面積を求めなさい。

■ 演習問題 3-6 ■　コンクリートの設計基準強度 $f'_{ck} = 28$ N/mm² のとき、以下の値を求めなさい。
① 寸法効果による低減係数 k_1
② 終局ひずみ ε'_{cu}

■ 演習問題 3-7 ■　降伏強度の特性値 $f_{yk} = 295$ N/mm² の鋼材について、以下の値を求めなさい。
① 使用状態におけるヤング係数
② 鋼材の降伏ひずみ

■ 演習問題 3-8 ■　設計基準強度 $f'_{ck} = 28$ N/mm² のコンクリートを用いるとき、異形鉄筋との付着強度、普通丸鋼との付着強度をそれぞれ求めなさい。
① 異形鉄筋
② 普通丸鋼

4 曲げモーメントを受ける RC はりの力学挙動

　3章では、コンクリートと鉄筋のそれぞれの力学的な特徴を学びました。4〜6章では、コンクリートと鉄筋の複合体である鉄筋コンクリート（以降、RC）構造の力学的な特徴について解説していきます。安全・安心なコンクリート構造物を建造するためには、RC 部材がどのようなメカニズムで荷重を支えているのかという耐荷機構を知った上で、外力に対してどのように振る舞い、いつどのように壊れるのかという力学挙動を知ることが重要です。

　本章では、曲げモーメントを受ける RC はりの力学挙動について学びます。

1 RC はりに関する基本事項

　RC 構造物を設計する上では、構造物が破壊に至るまでにどのように挙動するのかを知ることが重要です。そのためには、RC 部材が外力を受けた際に、どのような荷重で、どのようにひび割れが入り、どのように変形するのかをしっかりと理解する必要があります。そこで、ここではまず、RC はりに荷重が作用した場合の力と変形の関係について順を追って説明します。

1 コンクリートの変形とひび割れ

　図 4・1 に示すように、単純支持されたコンクリートのはりのスパン中央に集中荷重が作用する場合を考えましょう。このとき、このはりはどのように変形するでしょうか。

　図 4・2 (a) は、曲げ変形とせん断変形をそれぞれ誇張して描いたものです。曲げ変形では、は

図 4・1　集中荷重を受ける RC はり

りの上縁は縮み、下縁は伸びています。一方、せん断変形では、はり全体が平行四辺形のように変形し、対角線方向に対して縮む変形と伸びる変形が混在しています。このはりがコンクリートのみでできているとしたら、ひび割れが入ることは容易に想像できます。ひび割れは、伸びている（引張の変形が生じている）部位において、伸びの方向に対して垂直に入ることを考慮すると、それぞれの変形に対して図4・2 (b) のようにひび割れが入ることになります。ここで、曲げ変形によるひび割れを「曲げひび割れ」、せん断変形によるひび割れを「せん断ひび割れ」と呼びます。

　通常、コンクリートは、ひび割れが入ることで引張力を負担することができなくなります。そのため、図4・2 (b) のようにひび割れが入ると、はりは荷重を支えられなくなり破壊に至ります。そのようなことを防ぐために、鉄筋により補強することになります。鉄筋は、ひび割れ位置において引張力を負担するためのものですので、図4・2 (c) のようにひび割れが入る位置において、ひび割れと直交するように配置することにより、ひび割れが発生しても直ちに破壊することのない合理的な構造とすることができます。一般的には、はりや柱には図4・3のように鉄筋が配置されています。

　ところで、図4・2 (a) に示した曲げ変形とせん断変形の2つの変形のうち、どのような場合にどちらの変形が卓越するでしょうか。直感的には、スパン長が大きく細長いはり（スレンダービーム）の場合には曲げ変形が生じやすくなり、逆にずんぐりむっくりしたはり（ディープビーム）の場合は曲がりにくくせん断変形が生じやすいことが想像できます。この直感を工学的に表すと、スパン長とはりの高さとの関係で整理することになります。鉄筋コンクリート工学におい

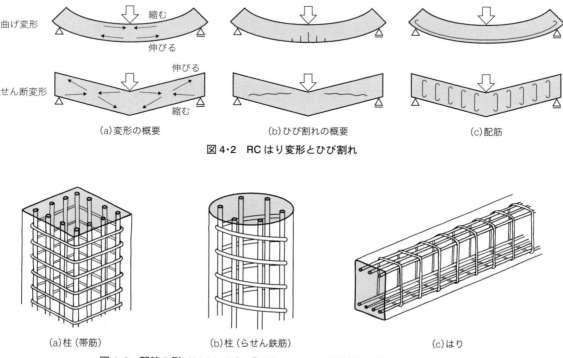

図4・3　配筋の例　((a)(c) 出典：『図説　やさしい建築材料』学芸出版社、図3・61)

ては、圧縮縁から引張鉄筋図心までの距離を有効高さ d とし、支点と載荷点の距離をせん断スパン長 a として、せん断スパン長を有効高さで除した「せん断スパン比 a/d」をパラメータとすることで、「曲げ」と「せん断」を大まかに区別しています。

2 RCはり部材の力学挙動と破壊形態

次に、単純支持された RC はりのスパン中央に荷重を作用させた場合の力学挙動について考えます。荷重が作用すると、どのくらいの荷重でどのような現象が起こるのかを、図4・4に示す荷重 P とたわみ δ の関係（荷重－たわみ関係、$P-\delta$ 関係）と照らし合わせながら見ていきましょう。

まず、荷重が比較的小さい段階においては、コンクリートと鉄筋の両方で曲げ変形に抵抗します。すなわち、圧縮力はコンクリートが負担し、引張力はコンクリートと鉄筋とで負担します。荷重を大きくしていくと、前項で説明したように、はりの下縁に曲げひび割れが発生します。鉄筋が配置されていなければ、はりの耐荷機構は失われて荷重は低下します。適切な量の鉄筋が配置されている場合には、荷重は低下せず、さらに大きな力に耐えることができます。ただし、コンクリートに曲げひび割れが入ることにより、それまで引張力を負担していたコンクリートの抵抗がなくなり、はりがたわみやすくなるため、荷重－たわみ関係の傾きは小さくなります。このとき、圧縮力はコンクリートが負担し、引張力は鉄筋のみが負担します。一般的に、RCはりは、このような状態で使用されることを前提としています。

さらに荷重を大きくしていくと、図4・4(a)～(c)に示すような3つの異なる挙動となることが想定されます。

(a)は、鉄筋が降伏する場合です。鉄筋が降伏した後は、荷重はほとんど増加することなく、

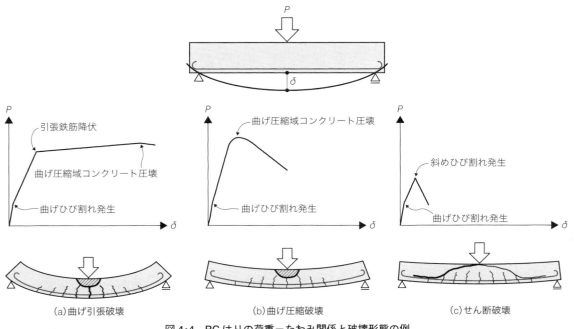

図4・4　RCはりの荷重－たわみ関係と破壊形態の例

はりのたわみだけが増大する挙動を示します。最終的には断面上縁（圧縮縁）のコンクリートが圧壊して破壊することになります。このような破壊形式（破壊のしかた、破壊モードともいう）を「曲げ引張破壊」と呼びます。

　(b) は、鉄筋が降伏する前に圧縮縁コンクリートが圧壊する場合です。このような破壊形式を「曲げ圧縮破壊」と呼びます。曲げ圧縮破壊では、破壊に至るまでのたわみはそれほど大きくありません。

　(c) は、せん断ひび割れ（斜めひび割れ）が発生する場合です。斜めひび割れが発生する場合には、そのひび割れの開口を抑制する鉄筋が配置されていなければ、ひび割れの急激な進展と開口により、急激に荷重が低下します。このような破壊を「せん断破壊（斜め引張破壊）」と呼びます。せん断破壊については、6章で詳しく学びます。

　これら3つの挙動は、それぞれ、「鉄筋の降伏」、「コンクリートの圧壊」、「斜めひび割れの発生」という材料の力学挙動の変化（コンクリートの破壊や鉄筋の塑性化）が要因となって起こります。すなわち、鉄筋コンクリートでは、構成材料の力学挙動に何らかの変化が生じることで、構造としての挙動が変わってきます。したがって、RCはりの力学挙動を知るためには、曲げひび割れの発生、鉄筋の降伏、コンクリートの圧壊等の現象が生じるときに、コンクリートと鉄筋がどのような状態になっているのかを明確にしておかなければなりません。

　さて、ここで安全なRC構造物について考えてみましょう。上に述べた3つの破壊形式のうち、どれが一番望ましいでしょうか。もちろん、安全であるためには、大きな力に耐えられる必要があります（耐荷性能）。しかし、RC構造物は、大きな力に耐えられるだけでは不十分であり、急激な破壊を避けるために壊れるまでに大きく変形すること（変形性能）も求められます。そのようなことから、RC構造は、鉄筋が降伏して大きく変形した後に破壊する「曲げ引張破壊」となることが望ましく、通常は破壊形態が曲げ引張破壊となるように設計されています。

　本章では、曲げを受けるRCはりのうち、主に曲げ引張破壊するRCはりを対象として、その力学挙動について学んでいきます。なお、本項では、RCはりの挙動をわかりやすく説明するために、荷重とたわみの関係を用いました。しかし、荷重やたわみははりの寸法（断面の大きさやスパン長）の違いにより異なります。曲げモーメントを受けるRCはりは、断面内のひずみや応力の状態によって力学挙動が決まることが知られています。そこで、以降の説明においては、RCはりの断面の状態に着目して説明を行っていきます。

3 RCはりの断面計算における重要な仮定

　構造物の力学挙動を理論的に解くためには、「力の釣合条件」、「変形の適合条件」、および「適切な材料構成則（応力－ひずみ関係）」の3つを満足する必要があります。このことはRCはりの力学挙動を知る上でも同様です。特に、RC構造は、ひび割れの発生や鉄筋の降伏など、材料の非線形挙動を含んだ複雑な挙動を示すため、上記の3条件を適切に考慮しなければなりません。また、RC構造は、コンクリートと鉄筋の複合材料ですので、これらの2つの材料の相互作用にも留意する必要があります。

①力の釣合条件

　力の釣合条件とは、「外部から作用する力（外力）と内部に生じる力（内力）は釣合っている」というものです。RCはりの場合、具体的には、①断面に作用する応力の総和は、外力により生じる軸力と釣合状態にある、②断面に作用する応力による偶力は、外力により生じる曲げモーメントと釣合状態にある、の2つを満足する必要があります。このように、断面内における応力を対象として力の釣合を考えるため、RCはりの計算においては断面計算を行うことになります。

②変形の適合条件

　ここでは、変形の適合条件を満足するための前提である「平面保持の仮定」と「コンクリートと鉄筋の相互作用」について説明します。

＊平面保持の仮定

　図4・5に示すように、はりに曲げ変形が生じるとします。このとき、部材軸に直交する微小区間の変形前後の形状に着目します。微小区間の形状は、変形前は直方体形状であるのに対して、変形後は台形のような形状となります。すなわち、はりの上側は圧縮されて縮み、下側は引っ張られて伸びることになります。このとき、微小区間の左右の面は、曲面などの形状に変形することなく、平面のままとなっていると考えます。このような考え方は、平面保持の仮定に基づいた考え方です。

　平面保持の仮定とは、「変形前に部材軸に直角な平面は、変形後においても変形後の材軸に直角な平面である（plane section remains plane）」というベルヌーイ・オイラー（Bernouilli-Euler）の仮定のことをいいます。これは、曲げ変形が卓越するはり部材などの連続体における最も重要な仮定です。RCはりの曲げ挙動を考える上でも重要な仮定であり、何度も出てくる言葉ですので、必ず覚えておきましょう。

　また、断面に対して垂直方向のひずみ（維ひずみという。以降、ひずみ）がまったく生じてい

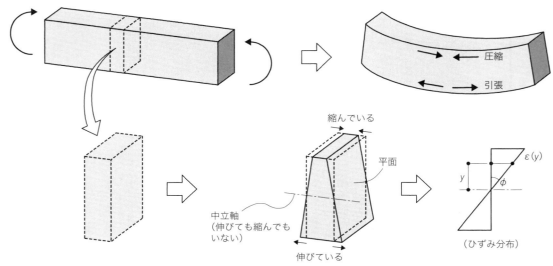

図4・5　はりの曲げ変形

ない位置を中立軸と呼びます。平面保持の仮定に基づけば、断面内ではひずみは直線的に分布しているため、任意高さのひずみ ε は、中立軸からの距離 y と断面の傾き具合（曲率 ϕ、たわみの2階微分）を用いて、次式により求められます。

$$\varepsilon(y) = \phi \cdot y = \frac{\partial^2 v(z)}{\partial z^2} \cdot y \tag{4.1}$$

ここで、$\varepsilon(y)$ は中立軸から y の距離におけるひずみを表しており、$v(z)$ は部材軸方向を z 軸とした場合の位置 z におけるたわみを表しています。

では、曲げ引張破壊する RC はりの断面内のひずみ分布の変化を、図 4・6 に示す荷重－変位のグラフとともに見ていきましょう。ここでは、便宜上、RC はりの状態の変化を以下の3つに区分します。

・状態 I：曲げひび割れが発生するまで

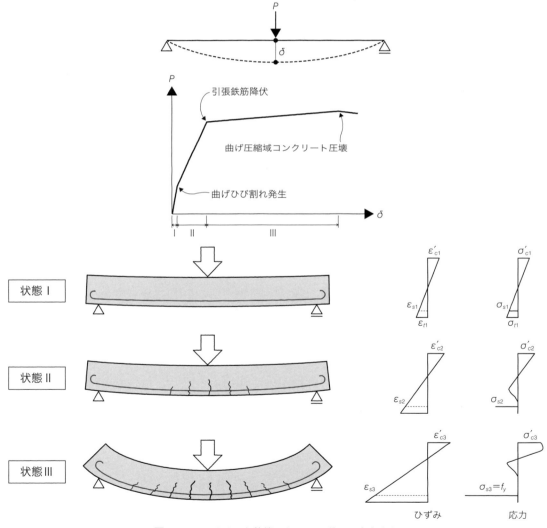

図 4・6　RC はりの各状態におけるひずみ・応力分布

- 状態Ⅱ：曲げひび割れが発生してから鉄筋が降伏するまで
- 状態Ⅲ：鉄筋が降伏してから圧縮縁コンクリートが圧壊するまで

まず、状態Ⅰにおいては、コンクリートも鉄筋も弾性体（連続体）として考えることができるので、当然平面保持の仮定は成り立っています。次に、状態Ⅱはどうでしょうか。状態Ⅱでは、すでに曲げひび割れが発生しており、ひび割れ発生領域とそうでない領域とが混在した状態となっています。したがって、平面保持の仮定は成り立っていないと考えるかもしれません。しかし、RC構造においては、ひび割れ等の不連続挙動に対して、ひび割れを複数含んだ領域での平均的な挙動を考え、あたかも連続体として扱うことで、平面保持を仮定することになります。状態Ⅲでは、鉄筋は塑性化しており、またコンクリートにも非線形挙動が現れている状態です。このような状態においても、先ほどと同様に平均的な挙動を考えることで、平面保持の仮定が成り立っているとみなします。このように、RC構造においては、破壊に至るまで平面保持が成り立つと仮定します。

*コンクリートと鉄筋の相互作用

RCはりにおいて、コンクリートと鉄筋は互いにどのように挙動しているでしょうか。図4・7に示すように、RCはりに曲げひび割れが生じた状態（図4・6の状態Ⅱ）を考えます。もしコンクリートと鉄筋がそれぞれ独立に振る舞うとすると、コンクリートは引張力に抵抗できないためひび割れが急激に進展します。一方、鉄筋はコンクリートから引き抜けて（抜け出して）しまいます。すなわち、鉄筋は引張力に抵抗しないことになり、その結果、RCはりは耐荷機構を失います。

通常、RCはりでは異形鉄筋が使用されており、節やリブを介して力の伝達が行われるため、コンクリートと鉄筋は独立に振る舞うことはありません。このようなコンクリートと鉄筋の相互作用のことを付着と呼びます。コンクリートと鉄筋との間に付着がある場合、先ほどの例においては、コンクリートに曲げひび割れが発生して以降は、ひび割れ位置では鉄筋が引張力を負担することになります。また、鉄筋はひび割れの開口を抑制する役割を担うとともに節やリブを介してコンクリートに引張力を伝達します。このように、コンクリートと鉄筋が一体となって抵抗する

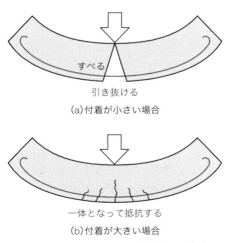

(a) 付着が小さい場合

(b) 付着が大きい場合

図4・7　コンクリートと鉄筋の相互作用

ことが、RC 構造が成立することの前提条件となります。

それでは、RC はりにおける付着はどれくらい強固なものなのでしょうか。前述のように RC はりでは、ひび割れ位置で鉄筋に引張力が作用することで、鉄筋がコンクリートから抜け出す挙動が生じます。すなわち、コンクリートと鉄筋には、相対的な変位（ずれ）が生じていることになります。しかし、異形鉄筋を用いた RC はりであれば、一般的にその相対変位は小さいことから、便宜上コンクリートと鉄筋は一体化していると考えます。このようにコンクリートと鉄筋が一体化していることを「完全付着」と呼びます。完全付着の仮定を設けることで、断面の同じ高さにあるコンクリートと鉄筋のひずみは等しいとみなすことができます。

③材料の応力－ひずみ関係

次に、RC はりの力学挙動を評価する際に使用する材料の応力－ひずみ関係について説明します。RC はりの断面内の応力分布の変化を、図 4・6 に示す荷重－変位関係とともに見ていきましょう。コンクリートと鉄筋に発生する応力は、それぞれの材料の力学特性から得ることができます。すなわち、図 4・8 に示すような材料の応力－ひずみ関係を用いて、各点におけるひずみの値をもとに応力を求めることになります。

図 4・6 の状態 I においては、コンクリートと鉄筋はともに弾性状態にあるため、応力も直線的に分布します。状態 II においては、圧縮を受けるコンクリートや鉄筋は弾性範囲内とみなすことができますが、引張を受けるコンクリートにはひび割れが生じているため、引張側の応力分布は複雑な形状となります。状態 III になると、圧縮を受けるコンクリートにおいても非線形挙動が現れるため、応力分布はさらに複雑なものになります。また、鉄筋は降伏しているので、応力は降伏応力のままとなっています。このように、断面内の応力分布を考える際には、適切にモデル化した材料の応力－ひずみ関係を用いることが必要になります。

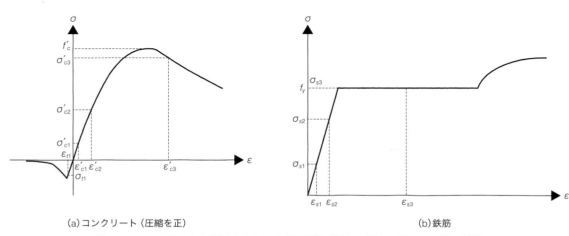

(a) コンクリート（圧縮を正）　　　(b) 鉄筋

図 4・8　コンクリートと鉄筋の応力－ひずみ関係（図中の値は、図 4・6 の値に相当）

2 曲げひび割れ発生以前の状態における応力度と曲げひび割れ発生モーメント

ここでは、曲げモーメントを受けるRCはりの曲げひび割れ発生以前の「状態Ⅰ」について考えます。なお、説明を簡略にするために、単鉄筋矩形断面のRCはりを対象として話を進めていきます。

1 断面計算における重要な仮定

前節で説明したように、状態Ⅰにおける断面のひずみ分布、応力分布は図4・6のようになります。繰返しになりますが、曲げモーメントを受けるRCはりの断面計算においては、3つの重要な前提条件である、「平面保持の仮定」、「完全付着」、「材料の応力−ひずみ関係」を考慮する必要があります。それらは、状態Ⅰについて整理すると以下のようになります。

- 平面保持の仮定が成り立つ（断面のひずみは中立軸位置からの距離に比例する）
- コンクリートと鉄筋は完全付着状態にある（鉄筋のひずみは、同一高さのコンクリートのひずみと等しい）
- コンクリートと鉄筋は弾性体である

2 曲げ応力度の算定

状態Ⅰの曲げ応力度を算定する方法は2つあります。1つは断面内の力の釣合を考えて求める方法であり、もう1つは換算断面を用いる方法です。以下、それぞれについて説明します。

①断面内の力の釣合を考える方法

前述したように、RCはりにおける力の釣合条件は、「断面に作用する応力の総和は、外力により生じる軸力と釣合状態にあること」と「断面に作用する応力による偶力は、外力により生じる曲げモーメントと釣合状態にあること」の2点になります。

状態Ⅰにおいては、図4・9に示すように、断面内には圧縮応力と引張応力が混在した状態となっています。しかし、曲げモーメントのみを受ける部材を考えると、部材に作用する軸力は0でなければなりません。したがって、コンクリートの圧縮合力および引張合力をC'_c、T_cとし、鉄筋の引張力をT_sとすれば、軸方向の力の釣合条件から次式が得られます。なお、以降の説明では、圧縮に関する記号には「′（ダッシュ）」をつけることにします。

$$0 = C'_c - T_c - T_s \tag{4.2}$$

また、コンクリートの圧縮合力と、コンクリートの引張合力と鉄筋の引張力による偶力は、断面に作用する曲げモーメントMと釣合状態にあるので、圧縮縁からそれぞれの力の作用位置までの距離をg_{cc}、g_{ct}、g_sとすれば、中立軸位置xまわりのモーメントを考えることで、次式が成り立ちます。

$$M = C'_c(x - g_{cc}) + T_c(g_{ct} - x) + T_s(g_s - x) \tag{4.3}$$

ここで、C'_c、T_cならびにT_sについて具体的に考えてみましょう。図4・9より、コンクリート

は弾性体であるため、応力は三角形分布となっています。したがって、圧縮合力と引張合力は、次式のように表すことができます。

$$C'_c = \frac{1}{2} b \cdot \sigma'_c \cdot x = \frac{1}{2} b \cdot E_c \cdot \varepsilon'_c \cdot x \tag{4.4}$$

$$T_c = \frac{1}{2}(h-x)\sigma_t \cdot b = \frac{1}{2}(h-x)E_c \cdot \varepsilon_t \cdot b \tag{4.5}$$

σ'_c：圧縮縁コンクリートの応力（N/mm²）
ε'_c：圧縮縁コンクリートのひずみ
σ_t：引張縁コンクリートの応力（N/mm²）
ε_t：引張縁コンクリートのひずみ
E_c：コンクリートのヤング係数（N/mm²）
h：断面の高さ（mm）
b：断面の幅（mm）

ここで、C'_cとT_cのそれぞれの圧縮縁からの作用位置は、$g_{cc} = \dfrac{x}{3}$、$g_{ct} = \dfrac{2h+x}{3}$ となります。ただし、ここでは中立軸位置xは未知量です。

また、鉄筋の引張力T_sは次式により算定されます。

$$T_s = A_s \cdot \sigma_s = A_s \cdot E_s \cdot \varepsilon_s \tag{4.6}$$

σ_s：鉄筋の応力（N/mm²）
ε_s：鉄筋のひずみ
E_s：鉄筋のヤング係数（N/mm²）
A_s：鉄筋の総断面積（mm²）

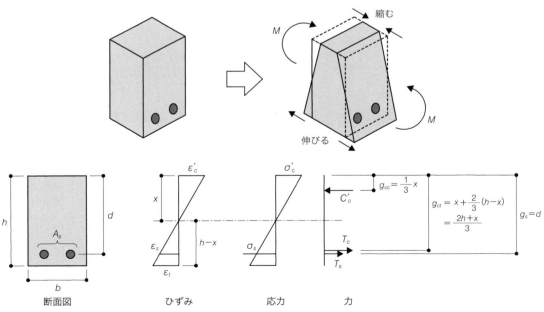

図4・9　状態Iのひずみ、応力、力の状態

RCはりにおいては、鉄筋はコンクリートと比較して断面積が小さいため、通常は鉄筋の大きさや形状は考えず、点として考えます。したがって、T_sの作用位置は圧縮縁から鉄筋の図心までの距離d（有効高さと呼ぶ）となります。

式（4.4）～（4.6）を式（4.2）と（4.3）に代入して整理することで、断面内の力の釣合およびモーメントの釣合は以下のように表されます。

$$0 = \frac{1}{2} b \cdot E_c \cdot \varepsilon'_c \cdot x - \frac{1}{2} b \cdot E_c \cdot \varepsilon_t (h-x) - A_s \cdot E_s \cdot \varepsilon_s \tag{4.7}$$

$$M = \frac{1}{3} b \cdot E_c \cdot \varepsilon'_c \cdot x^2 + \frac{1}{3} b \cdot E_c \cdot \varepsilon_t (h-x)^2 + A_s \cdot E_s \cdot \varepsilon_s (d-x) \tag{4.8}$$

ここで、平面保持の仮定を考慮すれば、圧縮縁コンクリートのひずみε'_c、引張縁コンクリートのひずみε_tならびに鉄筋のひずみε_sには、それぞれ次のような関係があることがわかります。

$$\varepsilon'_c : x = \varepsilon_t : (h-x) \quad \rightarrow \quad \varepsilon_t = \frac{h-x}{x} \cdot \varepsilon'_c \tag{4.9}$$

$$\varepsilon'_c : x = \varepsilon_s : (d-x) \quad \rightarrow \quad \varepsilon_s = \frac{d-x}{x} \cdot \varepsilon'_c \tag{4.10}$$

式（4.9）および（4.10）を式（4.7）に代入すると、以下の式が得られます。

$$0 = \frac{1}{2} b \cdot E_c \cdot \varepsilon'_c \cdot x - \frac{1}{2} b \cdot E_c \cdot \frac{(h-x)^2}{x} \cdot \varepsilon'_c - A_s \cdot E_s \cdot \frac{d-x}{x} \cdot \varepsilon'_c \tag{4.11}$$

ここで、両辺にxをかけて、両辺を$E_c \cdot \varepsilon'_c$で除すと、次式を得ます。

$$\frac{1}{2} x^2 \cdot b - \frac{1}{2}(h-x)^2 b - A_s \cdot \frac{E_s}{E_c}(d-x) = 0 \tag{4.11}'$$

さらに、$n = E_s/E_c$（ヤング係数比）を用いて、式を整理すると次式を得ます。

$$b \cdot h \cdot \frac{h}{2} + b \cdot h \cdot x - n \cdot A_s \cdot d - n \cdot A_s \cdot x = 0 \tag{4.11}''$$

したがって、中立軸位置xは次式で求められます。

$$x = \frac{b \cdot h \cdot \frac{h}{2} + n \cdot A_s \cdot d}{b \cdot h + n \cdot A_s} \tag{4.12}$$

また、式（4.9）および（4.10）を式（4.8）に代入すると、以下を得ます。

$$M = \frac{1}{3} b \cdot E_c \cdot \varepsilon'_c \cdot x^2 + \frac{1}{3} b \cdot E_c \cdot \varepsilon'_c \cdot \frac{(h-x)^3}{x} + A_s \cdot E_s \cdot \varepsilon'_c \cdot \frac{(d-x)^2}{x} \tag{4.13}$$

ここで、右辺を$E_c \cdot \varepsilon'_c$および$\frac{1}{x}$を共通因子としてくくり、整理することで次式を得ます。

$$M = E_c \cdot \varepsilon'_c \cdot \frac{1}{x} \left\{ \frac{1}{3} b \cdot x^3 + \frac{1}{3} b (h-x)^3 + n \cdot A_s (d-x)^2 \right\} \tag{4.13}'$$

したがって、圧縮縁コンクリートのひずみと応力は、次のように求められます。

$$\varepsilon'_c = \frac{1}{E_c} \cdot \frac{M}{\frac{1}{3}b \cdot x^3 + \frac{1}{3}b(h-x)^3 + n \cdot A_s(d-x)^2} \cdot x \qquad (4.14)$$

$$\sigma'_c = E_c \cdot \varepsilon'_c = \frac{M}{\frac{1}{3}b \cdot x^3 + \frac{1}{3}b(h-x)^3 + n \cdot A_s(d-x)^2} \cdot x \qquad (4.15)$$

また、鉄筋の応力は、次式により求められます。

$$\sigma_s = E_s \cdot \varepsilon_s = E_s \cdot \frac{d-x}{x} \cdot \varepsilon'_c = n \cdot \frac{M}{\frac{1}{3}b \cdot x^3 + \frac{1}{3}b(h-x)^3 + n \cdot A_s(d-x)^2} \cdot (d-x) \qquad (4.16)$$

②換算断面を用いる方法

　ヤング係数の異なる材料から構成される複合構造においては、換算断面という考え方を用いて計算の煩雑さを避けることができます。換算断面とは、異なる材料のうちある1つの材料を基準として考え、見かけ上は断面すべてがその材料で構成されていると考える方法です。基準となる材料のヤング係数の比をそれぞれの断面諸量（断面積や断面二次モーメントなど）に乗じることで、換算断面としての断面諸量が得られます。換算断面を用いることで、1つの材料のヤング係数により断面計算を行うことができるようになります。

　RC構造においては、断面がすべてコンクリートで構成されているとした換算断面を用いるのが一般的です。すなわち、鉄筋の断面諸量に対してコンクリートとのヤング係数比 $n = E_s/E_c$ を乗じた換算断面を考慮することにより、コンクリートのヤング係数を用いて各種計算を行うことができます。

　状態Ⅰについては、コンクリートと鉄筋はともに弾性体であるため、換算断面を用いて弾性理論にしたがって応力を求めることができます。すなわち、コンクリートおよび鉄筋の応力は、次式により算定できます。

$$\sigma'_c = \frac{M}{I_g} \cdot x \qquad (4.17\text{a})$$

$$\sigma_s = n \cdot \frac{M}{I_g}(d-x) \qquad (4.17\text{b})$$

　　σ'_c：圧縮縁コンクリートの応力（N/mm²）
　　σ_s：鉄筋の応力（N/mm²）
　　x：中立軸位置（mm）
　　I_g：全断面を有効とした換算断面二次モーメント（mm⁴）

　中立軸位置と換算断面二次モーメントは、以下のように求めることができます。まず、中立軸位置について説明します。弾性体である場合、中立軸位置は重心位置と等しいため、換算断面積を用いて次式から求めることができます。

　　（断面全体の換算断面積）×（断面全体の重心位置）
　　　　　　＝Σ（個々の換算断面積）×（個々の重心位置）　　　　　　　　　　　　　　　(4.18)

ここで、単鉄筋矩形断面の場合、コンクリートの断面積は $b \cdot h$、コンクリートの重心位置は $\frac{h}{2}$、鉄筋の換算断面積は $n \cdot A_s$、鉄筋の重心位置は d です。また、断面全体の換算断面積は $b \cdot h + n \cdot A_s$ です。したがって、全体の重心位置を x とおくと、式（4.18）を考慮することで次式を得ます。

$$(b \cdot h + n \cdot A_s) x = b \cdot h \cdot \frac{h}{2} + n \cdot A_s \cdot d \tag{4.19}$$

したがって、重心位置（中立軸位置）x は、以下のように得られます。

$$x = \frac{b \cdot h \cdot \frac{h}{2} + n \cdot A_s \cdot d}{b \cdot h + n \cdot A_s} \tag{4.20}$$

ここで、式（4.20）は式（4.12）と同じであることがわかります。

また、換算断面二次モーメント I_g は、中立軸まわりのそれぞれの断面二次モーメントの総和として求められますので、以下のように得られます。

$$I_g = \frac{1}{3} b \cdot x^3 + \frac{1}{3} b (h-x)^3 + n \cdot A_s (d-x)^2 \tag{4.21}$$

ここで、式（4.21）は式（4.15）の分母と等しいことがわかります。すなわち、式（4.17）に式（4.21）で得られた換算断面二次モーメントを代入すると、式（4.15）、(4.16) が得られることになります。このように、断面の力の釣合を考える方法であっても、換算断面を考える方法であっても、最終的な算定式は同じになることがわかります。

3 曲げひび割れ発生モーメントの算定

曲げひび割れが発生することにより、RC はりの力学特性は状態Ⅰから状態Ⅱへと変化します。このときの曲げモーメントを曲げひび割れ発生モーメントと呼び、M_{cr} で表します。

曲げひび割れ発生モーメント M_{cr} は、式（4.17a）において、引張縁コンクリートの応力が曲げひび割れ強度 f_{bc} に達したときのモーメントになります。すなわち、中立軸位置から引張縁コンクリートまでの距離 $h - x$ とすれば、

$$M_{cr} = f_b \cdot \frac{1}{h-x} \cdot I_g = f_b \cdot \frac{1}{h-x} \left\{ \frac{1}{3} b \cdot x^3 + \frac{1}{3} (h-x)^3 b + n \cdot A_s (d-x)^2 \right\} \tag{4.22}$$

となります。

ここで、「ひび割れは、引張縁コンクリートの応力が引張強度に達したときに入るのでは？」と疑問に思う方もいるかもしれません。しかし、コンクリートは応力が引張強度に達した後も、いくらか応力を負担するため、ただちにひび割れが進展することはありません。曲げひび割れ発生時の応力分布は、実際には図4・10に示すような分布となっており、曲げひび割れは、弾性状態を仮定して求めた引張縁コンクリートの応力が曲げひび割れ強度に達することで発生・進展することが明らかになっています。

なお、一般的な RC はりの鉄筋量においては、状態Ⅰから曲げひび割れの発生までのようにコ

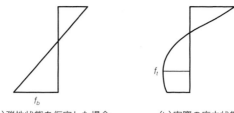

(a) 弾性状態を仮定した場合　　(b) 実際の応力状態

図4·10　曲げひび割れ発生時の応力分布

ンクリートが弾性体とみなせる領域では、鉄筋の影響は小さいといえます。そこで、鉄筋を無視してコンクリートの断面のみを考えて断面計算を行うことも、しばしばあります。

例題 1

図に示す複鉄筋矩形断面を有するRCはりの、状態Ⅰにおける中立軸位置を求めなさい。

[解答]

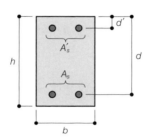

複鉄筋矩形断面

力の釣合を考える場合

考え方：単鉄筋矩形断面の力の釣合条件である式 (4.11) において、圧縮鉄筋の圧縮力を考慮します。

鉄筋の圧縮力を C'_s とおくと、

$$C'_s = A'_s \cdot \sigma'_s = A'_s \cdot E_s \cdot \varepsilon'_s$$

となります。また、平面保持の仮定から、

$$\varepsilon'_c : x = \varepsilon'_s : (x - d') \quad \rightarrow \quad \varepsilon'_s = \frac{x - d'}{x} \cdot \varepsilon'_c$$

となります。したがって、断面における軸力の釣合は、以下のようになります。

$$0 = \frac{1}{2} b \cdot E_c \cdot \varepsilon'_c \cdot x + A'_s \cdot E_s \cdot \frac{x - d'}{x} \cdot \varepsilon'_c - \frac{1}{2} b \cdot E_c \cdot \frac{(h-x)^2}{x} \cdot \varepsilon'_c - A_s \cdot E_s \cdot \frac{d-x}{x} \cdot \varepsilon'_c$$

ここで、両辺に x をかけて、両辺を $E_c \cdot \varepsilon'_c$ で除すと次式を得ます。

$$b \cdot h \cdot \frac{h}{2} + b \cdot h \cdot x - n(A_s \cdot d + A'_s \cdot d') - n(A_s + A'_s)x = 0$$

したがって、中立軸位置 x は次式となります。

$$x = \frac{b \cdot h \cdot \frac{h}{2} + n(A_s \cdot d + A'_s \cdot d')}{b \cdot h + n(A_s + A'_s)}$$

換算断面を用いる場合

考え方：式 (4.18) の計算において、圧縮鉄筋を考慮します。

圧縮鉄筋の換算断面積は $n \cdot A'_s$、重心位置は d' なので、式 (4.18) を用いると次式を得ます。

$$(b \cdot h + n \cdot A_s + n \cdot A'_s)x = b \cdot h \cdot \frac{h}{2} + n \cdot A_s \cdot d + n \cdot A'_s \cdot d'$$

したがって、中立軸位置 x は次式となります。

$$x = \frac{b \cdot h \cdot \dfrac{h}{2} + n(A_s \cdot d + A'_s \cdot d')}{b \cdot h + n(A_s + A'_s)}$$

例題2

図に示すような単鉄筋矩形断面を有する RC はりについて、以下の条件にしたがって曲げひび割れ発生モーメントを求めなさい。ただし、コンクリートの曲げひび割れ強度 f_{bc} を 4.0 N/mm² とし、コンクリートのヤング係数 E_c を 25000 N/mm²、鉄筋のヤング係数 E_s を 200000 N/mm² とします。

(1) 鉄筋を考慮した場合の、曲げひび割れ発生モーメントを求めなさい。

(2) 鉄筋を無視した場合の、曲げひび割れ発生モーメントを求めなさい。

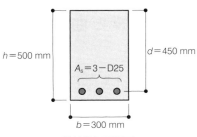

単鉄筋矩形断面

解答

(1) ここでは、換算断面を用いた解き方を示します。

断面の高さは $h = 500$ mm、断面の幅は $b = 300$ mm、鉄筋は D25 が 3 本なので断面積は $A_s = 1520$ mm²、鉄筋の重心位置までの距離は $d = 450$ mm です。また、ヤング係数比は $n = E_s/E_c = 200000/25000 = 8$ です。これらを、式 (4.20) に代入すると中立軸位置 x が得られます。

$$x = \frac{300 \cdot 500 \cdot \dfrac{500}{2} + 8 \cdot 1520 \cdot 450}{300 \cdot 500 + 8 \cdot 1520} = 265 \text{ mm}$$

次に、式 (4.21) に代入することで換算断面二次モーメント I_g が得られます。

$$I_g = \frac{1}{3} \cdot 300 \cdot 265^3 + \frac{1}{3} \cdot 300 \cdot (500-265)^3 + 8 \cdot 1520 \cdot (450-265)^2 = 3.57 \times 10^9 \text{ mm}^4$$

したがって、式 (4.22) より、曲げひび割れ発生モーメント M_{cr} は以下のように求められます。

$$M_{cr} = 4.0 \cdot \frac{1}{500-265} \cdot 3.57 \times 10^9 = 6.08 \times 10^7 \text{ N·mm} = 60.8 \text{ kN·m}$$

(2) コンクリートの断面のみを考えればよいことになります。断面の高さは $h = 500$ mm、断面の幅は $b = 300$ mm なので、断面二次モーメント I_c は以下のようになります。

$$I_c = \frac{1}{12} \cdot 300 \cdot 500^3 = 3.13 \times 10^9 \text{ mm}^4$$

また、中立軸位置は断面高さ中央ですので、中立軸位置から引張縁までの距離は $\dfrac{h}{2} = 250$ mm となります。したがって、曲げひび割れ発生モーメント M_{cr} は以下のように求められます。

$$M_{cr} = 4.0 \cdot \frac{1}{250} \cdot 3.13 \times 10^9 = 5.01 \times 10^7 \text{ N·mm} = 50.1 \text{ kN·m}$$

このように、一般的な配筋のRCはりでは、曲げひび割れ発生モーメントに及ぼす鉄筋の影響は比較的小さく、安全側の評価となるように、計算上はその影響を無視することが多いようです。

3 曲げひび割れ発生から鉄筋降伏までの状態における応力度と曲げ降伏モーメント

ここでは、曲げひび割れの発生から鉄筋が降伏するまでの「状態Ⅱ」について考えます。一般的に、RCはりは曲げひび割れが入った状態で使用されることを前提として設計されています。したがって、使用時において、コンクリートや鉄筋にどれくらいの応力が発生するのか把握するには、状態Ⅱの耐荷機構を理解しておく必要があります。なお、本節においても、説明を簡略にするために単鉄筋矩形断面のRCはりを対象として話を進めていきます。

1 断面計算における重要な仮定

状態Ⅱにおいては、断面のひずみ分布、応力分布は図4・11のようになります。断面計算を行う際の3つの重要な前提条件である「平面保持の仮定」、「完全付着」、「材料の応力－ひずみ関係」は、以下のように整理することができます。

・平面保持の仮定が成り立つ（断面のひずみは中立軸位置からの距離に比例する）
・コンクリートと鉄筋は完全付着状態にある（鉄筋のひずみは、同一高さのコンクリートのひずみと等しい）
・コンクリートの引張応力は無視する
・圧縮を受けるコンクリートと鉄筋は弾性範囲内である。

先述のように、コンクリートはひび割れが発生してからも若干の引張応力を負担することができますが、その大きさは非常に小さいため、状態Ⅱおよび状態Ⅲにおける断面計算ではコンクリートの引張応力を無視します。したがって、断面内における力の分担機構は、圧縮力はコンク

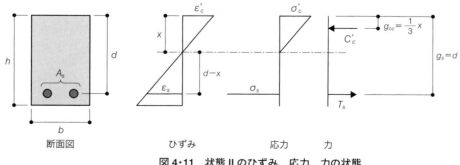

図4・11　状態Ⅱのひずみ、応力、力の状態

リートが負担し、引張力は鉄筋が負担するものとなっています。このとき、圧縮を受けるコンクリートと鉄筋はそれぞれ弾性体を仮定することになります。

2 曲げ応力度の算定

状態Ⅱにおいても状態Ⅰと同様に、曲げ応力度は「断面の力の釣合を考える方法」と「換算断面を用いる方法」により算定することができます。換算断面を用いる方法が適用できるのは、圧縮を受けるコンクリートと鉄筋をそれぞれ弾性体として仮定しているためです。

① 断面内の力の釣合を考える方法

図4・11に示すように、状態Ⅱでは、断面内にはコンクリートの圧縮合力と鉄筋の引張力が作用していることになります。ここでも、RCはりにおける力の釣合条件である「断面に作用する応力の総和は、外力により生じる軸力と釣合状態にあること」と「断面に作用する応力による偶力は、外力により生じる曲げモーメントと釣合状態にあること」を考慮することになります。すなわち、コンクリートの圧縮合力 C'_c と鉄筋の引張力 T_s に対して、軸力と曲げモーメントに関する以下の式が成り立っています。

$$0 = C'_c - T_s \tag{4.23}$$

$$M = C'_c(x - g_{cc}) + T_s(g_s - x) \tag{4.24}$$

式（4.23）より $C'_c = T_s$ であり、これを式（4.24）に代入すると次式が得られます。

$$M = C'_c(g_s - g_{cc}) = T_s(g_s - g_{cc}) \tag{4.24}'$$

ここで、C'_c ならびに T_s は、コンクリートと鉄筋がともに弾性体であることから、それぞれ次式のように求められます。

$$C'_c = \frac{1}{2} b \cdot \sigma'_c \cdot x = \frac{1}{2} b \cdot E_c \cdot \varepsilon'_c \cdot x \tag{4.25}$$

$$T_s = A_s \cdot \sigma_s = A_s \cdot E_s \cdot \varepsilon_s \tag{4.26}$$

なお、C'_c、T_s それぞれの圧縮縁からの作用位置は、$g_{cc} = \frac{x}{3}$、$g_s = d$ となります。ここでは、中立軸位置 x は未知量です。

式（4.25）、（4.26）を用いることで、式（4.23）、（4.24）'は以下のように表すことができます。

$$0 = \frac{1}{2} b \cdot E_c \cdot \varepsilon'_c \cdot x - A_s \cdot E_s \cdot \varepsilon_s \tag{4.27}$$

$$M = \frac{1}{2} b \cdot E_c \cdot \varepsilon'_c \cdot x \left(d - \frac{x}{3}\right) = A_s \cdot E_s \cdot \varepsilon_s \left(d - \frac{x}{3}\right) \tag{4.28}$$

ここで、平面保持の仮定を考慮すれば、圧縮縁コンクリートのひずみ ε'_c と鉄筋のひずみ ε_s には、次のような関係があることがわかります。

$$\varepsilon'_c : x = \varepsilon_s : (d-x) \quad \rightarrow \quad \varepsilon_s = \frac{d-x}{x} \cdot \varepsilon'_c \tag{4.29}$$

式（4.29）を式（4.27）に代入すると、次式が得られます。

$$0 = \frac{1}{2} b \cdot x \cdot E_c \cdot \varepsilon'_c - A_s \cdot E_s \cdot \frac{d-x}{x} \cdot \varepsilon'_c \tag{4.30}$$

ここで、両辺に x をかけて、両辺を $E_c \cdot \varepsilon'_c$ で除すと、以下の式が得られます。

$$b \cdot x^2 - 2 \frac{E_s}{E_c} \cdot A_s (d-x) = 0 \tag{4.31}$$

さらに、ヤング係数比 $n = E_s/E_c$ を用いて式を整理すると、x に関する二次方程式が得られます。

$$b \cdot x^2 + 2n \cdot A_s \cdot x - 2n \cdot A_s \cdot d = 0 \tag{4.32}$$

x が正数であることを考慮すると、二次方程式の解の公式より x は以下のようになります。

$$x = \frac{-n \cdot A_s + \sqrt{(n \cdot A_s)^2 + (2n \cdot A_s \cdot b \cdot d)}}{b} \tag{4.33a}$$

あるいは、

$$x = \frac{n \cdot A_s}{b} \cdot \left(-1 + \sqrt{1 + \left(\frac{2 b \cdot d}{n \cdot A_s} \right)} \right) \tag{4.33b}$$

となります。

ここで、両辺を d で除すことで、さらに次のように整理することができます。

$$\frac{x}{d} = \frac{-n \cdot A_s + \sqrt{(n \cdot A_s)^2 + (2n \cdot A_s \cdot b \cdot d)}}{b \cdot d} = \frac{n \cdot A_s}{b \cdot d} \cdot \left(-1 + \sqrt{1 + \left(\frac{2 b \cdot d}{n \cdot A_s} \right)} \right) \tag{4.34}$$

さらに、鉄筋比 $p = \frac{A_s}{b \cdot d}$ を用いると、式 (4.35) が得られます。

$$\frac{x}{d} = -n \cdot p + \sqrt{(n \cdot p)^2 + 2n \cdot p} = k \tag{4.35}$$

ここで、$\frac{x}{d}$ は「中立軸比」と呼ばれ、k で表されます。なお、RC 構造においては、鉄筋比はコンクリートの有効断面積（ここでは幅 b と有効高さ d の積）に対する鉄筋断面積の比として表されます。

以上のように、ひび割れ断面における中立軸位置を求めることができました。ここで、式 (4.35) に着目してみましょう。中立軸位置 x は、断面寸法（幅 b と有効高さ d）、鉄筋比 p（あるいは鉄筋量 A_s）、ヤング係数比 n のみで決まることがわかります。すなわち、曲げモーメントの大きさとは無関係ということになり、曲げひび割れ発生から鉄筋の降伏までは、曲げモーメントが増加しても中立軸位置は変化しないということになります。

さて、式 (4.33a) または (4.33b) より、中立軸位置 x が求められたので、式 (4.24)′ に代入することで、以下のように圧縮縁コンクリートの応力 σ'_c と鉄筋の応力 σ_s を求めることができます。

$$\sigma'_c = \frac{2M}{x \cdot b \left(d - \frac{x}{3} \right)} = \frac{2M}{x \cdot b \cdot d \left(1 - \frac{k}{3} \right)} = \frac{2M}{x \cdot b \cdot j \cdot d} = \frac{2M}{k \cdot j \cdot b \cdot d^2} \tag{4.36}$$

$$\sigma_s = \frac{M}{A_s \left(d - \frac{x}{3} \right)} = \frac{M}{A_s \cdot d \left(1 - \frac{k}{3} \right)} = \frac{M}{A_s \cdot j \cdot d} \tag{4.37}$$

ここで、$j = 1 - \dfrac{k}{3}$

以上のように、使用時の状態においては(ひび割れ断面においては)、中立軸位置は変化しないので、曲げモーメントの大きさにしたがって、コンクリートと鉄筋の応力度が増加することになります。

②換算断面を用いる方法

状態Ⅰで示したように、中立軸位置は換算断面積を用いて式(4.18)から求めることができます。以下に式(4.18)を再掲します。

(断面全体の換算断面積)×(断面全体の重心位置)
$$= \Sigma (個々の換算断面積) \times (個々の重心位置) \tag{4.18}$$

ここで、全体の重心位置をxとおくと、圧縮を受けるコンクリートの断面積および重心位置は、それぞれ$b \cdot x$および$\dfrac{x}{2}$となり、鉄筋の換算断面積および重心位置は、それぞれ$n \cdot A_s$およびdとなります。また、断面全体の換算断面積は$b \cdot x + n \cdot A_s$です。したがって、式(4.18)より、次式が得られます。

$$(b \cdot x + n \cdot A_s)x = b \cdot x \cdot \frac{x}{2} + n \cdot A_s \cdot d \tag{4.38}$$

ここで、式(4.38)を整理すると、式(4.32)と同一の二次方程式が得られます。

また、中立軸以下のコンクリートを無視した中立軸まわりの換算断面二次モーメントI_iは次式により求められます。

$$I_i = \frac{1}{3} b \cdot x^3 + n \cdot A_s (d-x)^2 \tag{4.39}$$

したがって、圧縮縁コンクリートの応力ならびに鉄筋の応力は、曲げ応力の式を用いると以下のように算定できます。

$$\sigma'_c = \frac{M}{I_i} \cdot x = \frac{M}{\frac{1}{3} b \cdot x^3 + n \cdot A_s (d-x)^2} \cdot x \tag{4.40}$$

$$\sigma_s = n \cdot \frac{M}{I_i} \cdot (d-x) = n \cdot \frac{M}{\frac{1}{3} b \cdot x^3 + n \cdot A_s (d-x)^2} \cdot (d-x) \tag{4.41}$$

ここで、式(4.32)より$n \cdot A_s = \dfrac{b \cdot x^2}{2(d-x)}$の関係があるので、式(4.40)、(4.41)に代入して整理すると、式(4.36)、(4.37)と一致することがわかります。すなわち、状態Ⅱにおいても、断面内の力の釣合を考える方法と換算断面を用いる方法とでは最終的な式は等しくなります。

> 例題 3

図に示す断面を有するRCはりに100 kN·mの曲げモーメントが作用した際の、圧縮縁コンク

リートと鉄筋に作用する応力度を求めなさい。ただし、コンクリートのヤング係数 E_c を 25000 N/mm²、鉄筋のヤング係数 E_s を 200000 N/mm² とします。

(1) 単鉄筋矩形断面
(2) 複鉄筋矩形断面
(3) 単鉄筋 T 型断面

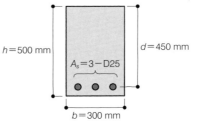
単鉄筋矩形断面

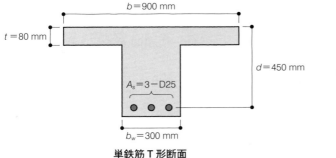
単鉄筋 T 形断面

複鉄筋矩形断面

【解答】

(1) 単鉄筋矩形断面

断面の幅は $b = 300$ mm、鉄筋は D25 が 3 本なので断面積は $A_s = 1520$ mm²、鉄筋の重心位置までの距離は $d = 450$ mm です。また、ヤング係数比は $n = E_s/E_c = 200000/25000 = 8$ です。したがって、中立軸位置 x は式 (4.33b) に代入することで得られます。

$$x = \frac{8 \cdot 1520}{300} \cdot \left(-1 + \sqrt{1 + \left(\frac{2 \cdot 300 \cdot 450}{8 \cdot 1520}\right)}\right) = 155 \text{ mm}$$

得られた中立軸位置 x を式 (4.36) および (4.37) に代入することで、圧縮縁コンクリートの応力 σ'_c と鉄筋の応力 σ_s が求められます。

$$\sigma'_c = \frac{2 \cdot 100 \times 10^6}{155 \cdot 300 \cdot \left(450 - \frac{155}{3}\right)} = 10.8 \text{ N/mm}^2$$

$$\sigma_s = \frac{100 \times 10^6}{1520 \cdot \left(450 - \frac{155}{3}\right)} = 165 \text{ N/mm}^2$$

(2) 複鉄筋矩形断面

力の釣合を考える場合

考え方：単鉄筋矩形断面の力の釣合条件である式 (4.27) において、鉄筋の圧縮力を考慮します。鉄筋の圧縮力を C'_s とおくと、

$$C'_s = A'_s \cdot \sigma'_s = A'_s \cdot E_s \cdot \varepsilon'_s$$

となります。また、平面保持の仮定から、

$$\varepsilon'_c : x = \varepsilon'_s : (x - d') \quad \rightarrow \quad \varepsilon'_s = \frac{x - d'}{x} \cdot \varepsilon'_c$$

となりますので、断面における軸力の釣合は、式（4.27）を参考にすれば、以下のようになります。

$$0 = \frac{1}{2} b \cdot E_c \cdot \varepsilon'_c \cdot x + A'_s \cdot E_s \cdot \frac{x-d'}{x} \cdot \varepsilon'_c - A_s \cdot E_s \cdot \frac{d-x}{x} \cdot \varepsilon'_c$$

両辺に x をかけて、両辺を $E_c \cdot \varepsilon'_c$ で除して、ヤング係数比 n を用いて整理をすると、以下の二次方程式を得ます。

$$b \cdot x^2 + 2n(A_s + A'_s)x - 2n(A_s \cdot d + A'_s \cdot d') = 0$$

ここで、断面の幅は $b = 300$ mm、引張鉄筋は D25 が 3 本なので断面積は $A_s = 1520$ mm²、圧縮鉄筋は D16 が 2 本なので断面積は $A'_s = 397$ mm² です。また、引張鉄筋の重心位置までの距離は $d = 450$ mm、圧縮鉄筋の重心位置までの距離は $d' = 50$ mm です。また、ヤング係数比は $n = E_s/E_c = 200000/25000 = 8$ です。したがって、これらを上式に代入することで、中立軸位置 x を得ることができます。すなわち、

$$300 \cdot x^2 + 2 \cdot 8 \cdot (1520 + 397) \cdot x - 2 \cdot 8 \cdot (1520 \cdot 450 + 397 \cdot 50) = 0$$
$$\rightarrow \quad x = 149 \text{ mm}$$

ここで、引張鉄筋位置まわりの曲げモーメントの釣合を考えると、

$$M = \frac{1}{2} b \cdot E_c \cdot \varepsilon'_c \cdot x \left(d - \frac{x}{3}\right) + A'_s \cdot E_s \cdot \frac{x-d'}{x} \cdot \varepsilon'_c (d-d')$$
$$= E_c \cdot \varepsilon'_c \left\{ \frac{1}{2} b \cdot x \left(d - \frac{x}{3}\right) + n \cdot A'_s \cdot \frac{x-d'}{x} (d-d') \right\}$$

となります。この式を解くことで、圧縮縁コンクリートのひずみと応力は、以下のようになります。

$$\varepsilon'_c = \frac{M}{E_c} \cdot \frac{1}{\frac{1}{2} b \cdot x \left(d - \frac{x}{3}\right) + n \cdot A'_s \cdot \frac{x-d'}{x} (d-d')}$$
$$= \frac{100 \times 10^6}{25000} \cdot \frac{1}{\frac{1}{2} \cdot 300 \cdot 149 \cdot \left(450 - \frac{149}{3}\right) + 8 \cdot 397 \cdot \frac{149-50}{149} \cdot (450-50)} = 4.09 \times 10^{-4}$$

$$\sigma'_c = E_c \cdot \varepsilon'_c = 25000 \cdot 4.09 \times 10^{-4} = 10.2 \text{ N/mm}^2$$

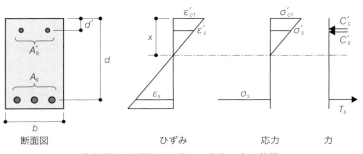

複鉄筋矩形断面のひずみ、応力、力の状態

また、引張鉄筋および圧縮鉄筋の応力は、以下のように求められます。

$$\sigma_s = E_s \cdot \varepsilon_s = E_s \cdot \frac{d-x}{x} \cdot \varepsilon'_c = 200000 \cdot \frac{450-149}{149} \cdot 4.09 \times 10^{-4} = 165 \text{ N/mm}^2$$

$$\sigma'_s = E_s \cdot \varepsilon'_s = E_s \cdot \frac{x-d'}{x} \cdot \varepsilon'_c = 200000 \cdot \frac{149-50}{149} \cdot 4.09 \times 10^{-4} = 54.4 \text{ N/mm}^2$$

<u>換算断面を考える場合</u>

考え方：式（4.18）の計算において、圧縮鉄筋を考慮します。

圧縮鉄筋の換算断面積は $n \cdot A'_s$、重心位置は d' ですので、式（4.18）を用いると次式が得られます。

$$(b \cdot x + n \cdot A_s + n \cdot A'_s)x = b \cdot x \cdot \frac{x}{2} + n \cdot A_s \cdot d + n \cdot A'_s \cdot d'$$

したがって、x について整理すると以下の二次方程式が得られます。

$$b \cdot x^2 + 2n(A_s + A'_s)x - 2n(A_s \cdot d + A'_s \cdot d') = 0$$

この式は、前述の力の釣合を考えた場合の二次方程式と同一なので、$x = 149 \text{ mm}$ となります。
また、換算断面二次モーメントは、以下のように求められます。

$$I_i = \frac{1}{3} b \cdot x^3 + n \cdot A'_s (x-d')^2 + n \cdot A_s (d-x)^2$$

$$= \frac{1}{3} \cdot 300 \cdot 149^3 + 8 \cdot 397 \cdot (149-50)^2 + 8 \cdot 1520 \cdot (450-149)^2 = 1.46 \times 10^9 \text{ mm}^4$$

したがって、圧縮縁コンクリートの応力度と鉄筋の応力度は、以下のように求められます。

$$\sigma'_c = \frac{M}{I_i} \cdot x = \frac{100 \times 10^6}{1.46 \times 10^9} \cdot 149 = 10.2 \text{ N/mm}^2$$

$$\sigma_s = n \cdot \frac{M}{I_i} \cdot (d-x) = 8 \cdot \frac{100 \times 10^6}{1.46 \times 10^9} \cdot (450-149) = 165 \text{ N/mm}^2$$

$$\sigma'_s = n \cdot \frac{M}{I_i} \cdot (x-d') = 8 \cdot \frac{100 \times 10^6}{1.46 \times 10^9} \cdot (149-50) = 54.2 \text{ N/mm}^2$$

注：計算の方法で結果が異なるのは、有効数字の取り方による誤差が原因です。

(3) 単鉄筋 T 型断面

考え方：中立軸位置 x がウェブ内であると仮定して計算し、仮定が正しいかどうかを確認します。

<u>力の釣合を考える場合</u>

中立軸位置 x がウェブ内にあると仮定すれば、コンクリートの圧縮合力 C'_c は図のように考えることで求められます。

$$C'_c = C'_{c1} - C'_{c2} = \frac{1}{2} b \cdot E_c \cdot \varepsilon'_{c1} \cdot x - \frac{1}{2}(b-b_w) E_c \cdot \varepsilon'_{c2}(x-t)$$

また、平面保持の仮定から、ε'_{c1}、ε'_{c2} には、以下の関係が成り立ちます。

$$\varepsilon'_{c1} : x = \varepsilon'_{c2} : (x-t) \quad \rightarrow \quad \varepsilon'_{c2} = \frac{x-t}{x} \cdot \varepsilon'_{c1}$$

したがって、軸力に関する力の釣合を考えると、

$$0 = \frac{1}{2} b \cdot E_c \cdot \varepsilon'_{c1} \cdot x - \frac{1}{2} (b-b_w) E_c \cdot \frac{x-t}{x} \cdot \varepsilon'_{c1} (x-t) - A_s \cdot E_s \cdot \frac{d-x}{x} \cdot \varepsilon'_{c1}$$

を得ます。この式を整理すると、以下のような x に関する二次方程式が得られます。

$$b_w \cdot x^2 + 2\{t(b-b_w) + n \cdot A_s\} x - \{(b-b_w)t^2 + 2n \cdot A_s \cdot d\} = 0$$

ここで、ウェブの幅は $b_w = 300$ mm、フランジの幅は $b = 900$ mm、フランジの厚さは $t = 80$ mm、鉄筋はD25が3本なので断面積は $A_s = 1520$ mm^2、鉄筋の重心位置までの距離は $d = 450$ mm です。また、ヤング係数比は $n = E_s/E_c = 200000/25000 = 8$ です。したがって、これらを上式に代入することで、中立軸位置 x を得ることができます。すなわち、

$$300 \cdot x^2 + 2 \cdot \{80 \cdot (900-300) + 8 \cdot 1520\} \cdot x - \{(900-300) \cdot 80^2 + 2 \cdot 8 \cdot 1520 \cdot 450\} = 0$$

$\rightarrow \quad x = 98.6$ mm

ここで、中立軸位置 x がフランジの厚さ t よりも大きいため、中立軸位置がウェブ内にあるという仮定は正しいことが確認できます。

ここで、C'_{c1}、C'_{c2} の作用位置は、それぞれ圧縮縁から $\frac{x}{3}$、$t + \frac{x-t}{3}$ であるので、鉄筋位置回りの曲げモーメントの釣合を考えると、

$$M = \frac{1}{2} b \cdot E_c \cdot \varepsilon'_{c1} \cdot x \left(d - \frac{x}{3}\right) - \frac{1}{2}(b-b_w) E_c \cdot \frac{x-t}{x} \cdot \varepsilon'_{c1} (x-t) \left(d - t - \frac{x-t}{3}\right)$$

となります。この式を解くことで、圧縮縁コンクリートのひずみと応力は、以下のように求められます。

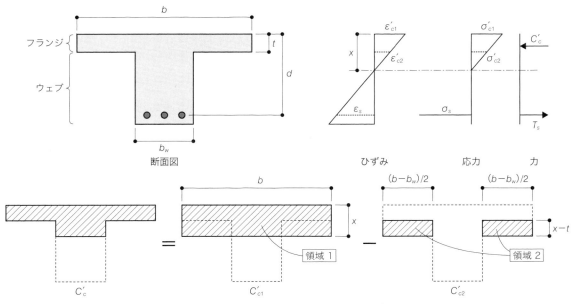

単鉄筋T形断面のひずみ、応力、力の状態

$$\varepsilon'_{c1} = \frac{M}{E_c} \cdot \frac{1}{\frac{1}{2} b \cdot x \left(d - \frac{x}{3}\right) - \frac{1}{2}(b - b_w) \cdot \frac{(x-t)^2}{x} \cdot \left(d - \frac{x + 2t}{3}\right)}$$

$$= \frac{100 \times 10^6}{25000} \cdot \frac{1}{\frac{1}{2} \cdot 900 \cdot 98.6 \left(450 - \frac{98.6}{3}\right) - \frac{1}{2} \cdot (900 - 300) \cdot \frac{(98.6 - 80)^2}{98.6} \cdot \left(450 - \frac{98.6 + 2 \cdot 80}{3}\right)}$$

$$= 2.21 \times 10^{-4}$$

$$\sigma'_{c1} = E_c \cdot \varepsilon'_{c1} = 25000 \cdot 2.21 \times 10^{-4} = 5.53 \text{ N/mm}^2$$

また、鉄筋の応力は、以下のように求められます。

$$\sigma_s = E_s \cdot \varepsilon_s = E_s \cdot \frac{d-x}{x} \cdot \varepsilon'_{c1} = 200000 \cdot \frac{450 - 98.6}{98.6} \cdot 2.21 \times 10^{-4} = 158 \text{ N/mm}^2$$

換算断面を考える場合

中立軸位置 x がウェブ内にあると仮定すれば、コンクリートの面積を図のように2つに分けて考えることができます。

領域1（フランジ幅と中立軸位置で囲まれる領域）：

断面積および重心位置は、それぞれ $b \cdot x$ および $\frac{x}{2}$ です。

領域2（高さはフランジ下縁から中立軸位置で、幅はウェブを除いた領域）：

断面積および重心位置は、それぞれ $(b - b_w)(x - t)$ および $t + \frac{x-t}{2}$ です。

実際の領域は領域1から領域2を引いたものになりますので、式（4.18）を用いると、次のような関係が得られます。

$$\{b \cdot x - (b - b_w)(x - t) + n \cdot A_s\} x = b \cdot x \cdot \frac{x}{2} - (b - b_w)(x - t)\left(t + \frac{x - t}{2}\right) + n \cdot A_s \cdot d$$

この式を整理することで、中立軸位置 x に関する二次方程式が得られます。

$$b_w \cdot x^2 + 2\{t(b - b_w) + n \cdot A_s\} x - \{(b - b_w)t^2 + 2n \cdot A_s \cdot d\} = 0$$

この二次方程式は、前述の力の釣合を考えた場合と同様ですので、中立軸位置は $x = 98.6$ mm となります。

また、中立軸まわりの換算断面二次モーメント I_i は、次式により求められます。

$$I_i = \frac{1}{3} b \cdot x^3 - \frac{1}{3}(b - b_w)(x - t)^3 + n \cdot A_s (d - x)^2$$

$$= \frac{1}{3} \cdot 900 \cdot 98.6^3 - \frac{1}{3} \cdot (900 - 300) \cdot (98.6 - 80)^3 + 8 \cdot 1520 \cdot (450 - 98.6)^2 = 1.79 \times 10^9 \text{ mm}^4$$

したがって、圧縮縁コンクリートの応力度と鉄筋の応力度は、以下のように求められます。

$$\sigma'_{c1} = \frac{M}{I_i} \cdot x = \frac{100 \times 10^6}{1.79 \times 10^9} \cdot 98.6 = 5.51 \text{ N/mm}^2$$

$$\sigma_s = n \cdot \frac{M}{I_i} \cdot (d - x) = 8 \cdot \frac{100 \times 10^6}{1.79 \times 10^9} \cdot (450 - 98.6) = 157 \text{ N/mm}^2$$

注：計算の方法で結果が異なるのは、有効数字の取り方による誤差が原因です。

さて、以上で説明した方法では、T型断面であることを意識して、中立軸位置に配慮した計算方法であることがわかります。したがって、計算の結果、中立軸位置がウェブ内にあるという仮定が間違っていた場合は、中立軸位置がフランジ内にあると仮定して、再度計算を行う必要があります。

また、今回はウェブに作用するコンクリートの圧縮力も考慮して計算を行いました。しかし、T型断面においてウェブの幅はフランジの幅に比べて一般的に小さく、また発生する応力も小さいことから、中立軸がウェブ内にある場合、ウェブが受け持つ圧縮力を無視して計算しても差し支えありません。

以上のことを考慮すると、T型断面を有するRCはりにおいては、中立軸の位置がウェブにあろうがフランジにあろうが矩形断面と同様の計算を行えばよいことになり、計算上T型断面であることを意識する必要はなくなります。

3 曲げ降伏モーメントの算定

RCはりは、鉄筋が降伏することで部材としての挙動が急激に変化します。すなわち、鉄筋の降伏以降は、荷重はそれほど増加せずたわみだけが増大する挙動となります。このような挙動を「はりの曲げ降伏」と呼びます。また、曲げ降伏時の曲げモーメントを「曲げ降伏モーメント」と呼び、M_yで表します。

鉄筋が降伏するときの断面の応力状態としては、状態IIを仮定することができます。したがって、曲げ降伏モーメントM_yは式(4.28)を用いて算定することができます。すなわち、式中の鉄筋応力に対して鉄筋の降伏強度f_yを代入することで、次式のように求められます。

$$M_y = A_s \cdot f_y \left(d - \frac{x}{3}\right) = A_s \cdot f_y \cdot j \cdot d \tag{4.42}$$

なお、本式における中立軸位置xについては、式(4.33)から求めたものを用います。

例題4

例題3で対象とした各種断面を有するRCはりの曲げ降伏モーメントを求めなさい。ただし、コンクリートのヤング係数E_cを25000 N/mm^2、鉄筋のヤング係数E_sを200000 N/mm^2、鉄筋の降伏強度f_yを300 N/mm^{2}とします。

(1) 単鉄筋矩形断面
(2) 複鉄筋矩形断面
(3) 単鉄筋T型断面

解 答

(1) 単鉄筋矩形断面

中立軸は鉄筋の降伏までは変化しないことから、中立軸位置xは例題3で得られた$x = 155$ mmです。

式(4.42)に各数値を代入することで、曲げ降伏モーメントが得られます。

$$M_y = 1520 \cdot 300 \cdot \left(450 - \frac{155}{3}\right) = 1.82 \times 10^8 \text{ N·mm} = 182 \text{ kN·m}$$

(2) 複鉄筋矩形断面

中立軸は鉄筋の降伏までは変化しないことから、中立軸位置 x は例題3で得られた $x = 149$ mm です。

ここで、引張鉄筋が降伏するときの圧縮鉄筋の降伏の有無について確認します。平面保持の仮定から、圧縮鉄筋のひずみ ε'_s は以下のように求められます。

$$\varepsilon'_s = \frac{x-d'}{d-x} \cdot \varepsilon_y = \frac{x-d'}{d-x} \cdot \frac{f_y}{E_s} = \frac{149-50}{450-149} \cdot \frac{300}{200000} = 4.93 \times 10^{-4}$$

一方、圧縮鉄筋の降伏ひずみは、$300/200000 = 0.0015$ ですので、圧縮鉄筋は降伏していないことがわかります。すなわち、圧縮鉄筋の応力 σ'_s は、$\sigma'_s = E_s \cdot \varepsilon'_s$ から求めることになります。したがって、コンクリートの圧縮合力まわりの曲げモーメントの釣合を考えることで、曲げ降伏モーメントを得ます。

$$M_y = -A'_s \cdot E_s \cdot \varepsilon'_s \left(d' - \frac{x}{3}\right) + A_s \cdot f_y \left(d - \frac{x}{3}\right)$$

$$= -397 \cdot 200000 \cdot 4.93 \times 10^{-4} \cdot \left(50 - \frac{149}{3}\right) + 1520 \cdot 300 \cdot \left(450 - \frac{149}{3}\right)$$

$$= 1.83 \times 10^8 \text{ N·mm} = 183 \text{ kN·m}$$

(3) 単鉄筋 T 型断面

中立軸は鉄筋の降伏までは変化しないことから、中立軸位置 x は例題3で得られた $x = 98.6$ mm です。

また、平面保持の仮定から、圧縮縁コンクリートのひずみは、次式から求められます。

$$\varepsilon'_{c1} = \frac{x}{d-x} \cdot \varepsilon_y = \frac{x}{d-x} \cdot \frac{f_y}{E_s} = \frac{98.6}{450-98.6} \cdot \frac{300}{200000} = 4.21 \times 10^{-4}$$

したがって、例題3で求めた曲げモーメントの釣合の式を用いることで、曲げ降伏モーメントが得られます。

$$M = E_c \cdot \varepsilon'_{c1} \left\{\frac{1}{2} b \cdot x \left(d - \frac{x}{3}\right) - \frac{1}{2}(b-b_w) \cdot \frac{(x-t)^2}{x} \cdot \left(d - \frac{x+2t}{3}\right)\right\}$$

$$= 25000 \cdot 4.21 \times 10^{-4} \cdot \left\{\frac{1}{2} \cdot 900 \cdot 98.6 \cdot \left(450 - \frac{98.6}{3}\right) - \frac{1}{2} \cdot (900-300) \cdot \frac{(98.6-80)^2}{98.6} \cdot \left(450 - \frac{98.6+2 \cdot 80}{3}\right)\right\}$$

$$= 1.91 \times 10^8 \text{ N·mm} = 191 \text{ kN·m}$$

4 鉄筋降伏以降の挙動と終局曲げモーメント

ここでは、鉄筋が降伏してから圧縮域コンクリートが圧壊する曲げ終局状態までの「状態Ⅲ」について考えます。RC はりは、基本的には曲げ引張破壊となることを前提として設計されていま

す。限界状態設計法においては、終局限界状態として終局曲げモーメント（終局曲げ耐力）を用いた照査を行います。すなわち、想定される外力に対して、RCはりが十分な耐力を有しているかどうかを判断することになります。そのためには、終局曲げモーメントを適切に評価しなければなりません。なお、本節においても、説明を簡略にするために単鉄筋矩形断面のRCはりを対象として話を進めていきます。

1 鉄筋降伏以降のRCはりの挙動

すでに何度も説明したように、曲げモーメントを受けるRCはりは、鉄筋により引張力を負担する耐荷機構となっています。鉄筋が降伏するということは、鉄筋により負担する引張力の増加を期待できないということになります。すなわち、RCはりにおいては、鉄筋降伏以後は荷重の増加はほとんど生じないことになります。一方、鉄筋は降伏することで大きな塑性変形を生じるため、RCはりはたわみが増大する挙動を示します。

ここで、圧縮を受けるコンクリートの状態に着目しましょう。図4・12は、鉄筋の降伏から曲げ終局に至るまでの応力分布を示しています。変形の増大に伴いコンクリートには徐々に非線形挙動が表れて、最終的にはコンクリートの圧壊が生じます。図4・8で示したように、圧縮を受けるコンクリートは、圧縮強度以降においてはひずみの増加に伴い応力が低下する挙動（圧縮軟化挙動）を呈します。したがって、破壊時には、圧縮縁コンクリートの応力は圧縮強度より小さくなっています。すなわち、圧縮軟化領域まで達しているということになります。

以降では、状態IIIの断面計算の方法について説明します。

2 断面計算における重要な仮定

状態IIIにおいては、断面のひずみ分布、応力分布は図4・13のようになります。断面計算を行う際の3つの重要な前提条件である「平面保持の仮定」、「完全付着」、「材料の応力－ひずみ関係」は、状態IIIにおいては、以下のように整理することができます。

・平面保持の仮定が成り立つ（断面のひずみは中立軸位置からの距離に比例する）
・コンクリートと鉄筋は完全付着状態にある（鉄筋のひずみは、同一高さのコンクリートのひずみと等しい）

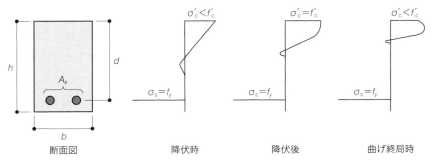

図4・12　鉄筋降伏から曲げ破壊に至るまでの応力状態の変化

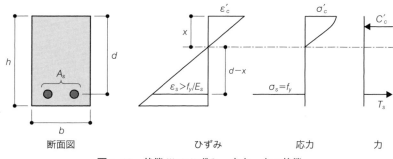

図4・13 状態Ⅲのひずみ、応力、力の状態

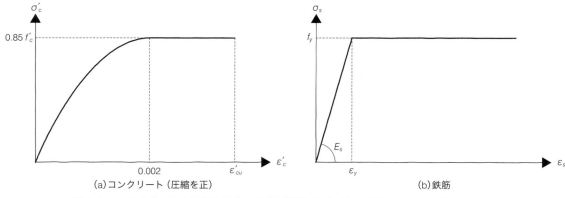

(a) コンクリート（圧縮を正）　　(b) 鉄筋

図4・14 コンクリートと鉄筋の応力－ひずみ関係（出典：『土木学会コンクリート標準示方書』）

- コンクリートの引張応力は無視する
- 圧縮を受けるコンクリートの応力は、適切にモデル化された応力－ひずみ関係を用いて算定する
- 鉄筋は完全弾塑性体（降伏強度まで弾性、降伏以降は応力一定）を仮定する

　前述のように、状態Ⅲにおいては圧縮を受けるコンクリートは非線形挙動を示しており、場合によっては圧縮軟化領域に達している場合もあります。そこで、コンクリートの圧縮応力は、適切にモデル化された応力－ひずみ関係（3章参照）を用いて、対象とする位置のひずみから算定することになります。

　一般的には、図4・14に示すような曲線でモデル化します。これは、土木学会コンクリート標準示方書（以降、示方書）における圧縮強度50 N/mm² 以下の普通コンクリートに対するモデルです。このモデルでは、図4・14 (a) のように、圧縮強度までは放物線とし、圧縮強度以降は一定の応力となるようにモデル化しています。また、鉄筋は図4・14 (b) のように完全弾塑性体を仮定しています。すでに鉄筋は降伏しているため、鉄筋の応力は降伏強度で一定となっています。

3 等価応力ブロックによる終局曲げモーメントの算定

　図4・6の状態Ⅲにおいて、RCはりに作用する荷重を増加させていくと、やがて圧縮域コンクリートが圧壊し、最大荷重を迎えます。このときの曲げモーメントを「終局曲げモーメント」と

呼び、M_u で表します。一般に、圧縮縁コンクリートのひずみが終局ひずみ ε'_{cu} に達したときが曲げ終局時であると仮定します。ε'_{cu} の具体的な値は、例えば示方書では圧縮強度 50 N/mm² 以下の普通コンクリートに対しては 0.0035 としています。

曲げ終局時には、コンクリートも鉄筋も弾性状態ではないため、断面計算において換算断面を用いた方法を用いることはできません。したがって、終局曲げモーメントの算定においては断面内の力の釣合を考える方法を用います。

曲げ終局時における応力状態は、図 4·15 に示すようになります。状態Ⅰや Ⅱ での説明と同様に、コンクリートの圧縮合力 C'_c と鉄筋の引張力 T_s 対しては、軸力と曲げモーメントに関する以下の式が成り立っています。

$$0 = C'_c - T_s \tag{4.43}$$

$$M_u = C'_c(x - g_{cc}) + T_s(g_s - x) = C'_c(g_s - g_{cc}) = T_s(g_s - g_{cc}) \tag{4.44}$$

さて、ここで C'_c と T_s について考えましょう。まず、T_s についてですが、前述のように鉄筋は降伏しているため、降伏強度 f_y を用いて次式のように表すことができます。

$$T_s = A_s \cdot f_y \tag{4.45}$$

T_s の作用位置は圧縮縁から d の距離ですので、$g_s = d$ となります。

一方、コンクリートの圧縮合力 C'_c は、図 4·15 に示す応力分布を断面内で積分することで得られます。しかし、この方法は計算が煩雑となります。そこで、より簡易に C'_c を求める方法があります。それは、図 4·16 に示すように、本来は曲線形状である応力分布を、応力の総和（図では面積）が同じで、かつ作用位置も同じになる長方形としてモデル化する方法です。このようにモデル化した長方形を「等価応力ブロック」と呼びます。大きさが等しく作用位置が同じであれば、

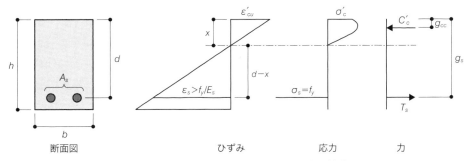

図 4·15　曲げ終局時のひずみ、応力、力の状態

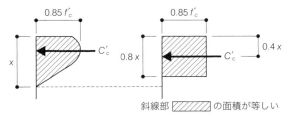

図 4·16　等価応力ブロック（圧縮領域のみを拡大した図）

断面計算の結果には影響を及ぼさないため、等価応力ブロックを用いることで容易に断面計算を行うことができるようになります。

等価応力ブロックを用いると、C'_c は以下のように表されます。

$$C'_c = 0.8\,x \cdot 0.85 f'_c \cdot b = 0.68 f'_c \cdot b \cdot x \tag{4.46}$$

f'_c：コンクリートの圧縮強度

また、このときの C'_c の作用位置は圧縮縁から $0.4\,x$ の距離となります。すなわち、$g_{cc} = 0.4\,x$ です。したがって、式（4.45）、（4.46）を式（4.43）、（4.44）に代入することで、以下の式が得られます。

$$0 = 0.68 f'_c \cdot b \cdot x - A_s \cdot f_y \tag{4.47}$$

$$M_u = 0.68 f'_c \cdot b \cdot x\,(d - 0.4\,x) = A_s \cdot f_y\,(d - 0.4\,x) \tag{4.48}$$

ここで、式（4.47）から、中立軸位置 x は以下のように求められます。

$$x = \frac{A_s \cdot f_y}{0.68 f'_c \cdot b} \tag{4.49}$$

さて、以上のように求められた中立軸位置 x は、鉄筋が降伏しているものとして得られた結果です。したがって、得られた中立軸位置 x を用いて、鉄筋が降伏しているかどうかを確認する必要があります。

ここで、平面保持の仮定を考慮すれば、終局ひずみ ε'_{cu} と鉄筋のひずみ ε_s には、次のような関係があります。

▶ **COLUMN：許容応力度設計法と限界状態設計法**

1章では、構造物の設計法として許容応力度設計法と限界状態設計法について学びました。それでは、具体的に曲げモーメントを受けるRCはりを設計する際、これらの設計法を用いた場合にはそれぞれどのようなことを行うのでしょうか。

許容応力度設計法では、「状態II」のコンクリートの圧縮縁応力 σ'_c や鉄筋応力 σ_s が、許容応力度よりも小さいかどうかを判断します。したがって、設計曲げモーメント（設計上想定する曲げモーメント）に対して式（4.36）や（4.37）を用いてそれぞれの応力を算定し、設計図書で定められた許容応力度と比較することになります。したがって、許容応力度設計法では、通常使用下での外力に対して構造物が安全かどうかを判断することはできますが、その構造物がどれくらい大きな外力まで耐えられるのかといった情報は得られません。

一方、限界状態設計法では、使用限界や終局限界のそれぞれの限界状態に対して、応答値が限界値以下となっているのかを照査します。例えば曲げモーメントに対する安全性の照査では、終局限界状態である「曲げ終局状態」を対象として、式（4.48）および（4.49）から算定される終局曲げモーメント（限界値）と設計曲げモーメント（応答値）を比較することになります。すなわち、設計を通してRCはりが耐えうる最大の曲げモーメントを求めることになります。

このように、想定している外力に対しては、許容応力度設計法と限界状態設計法のどちらでも安全なRCはりを設計することができます。しかし、構造物に想定している以上の外力が作用した場合や、構造物が劣化した状態における安全性については、許容応力度設計法では判断することができません。

現在では、RC構造物の設計は基本的に限界状態設計法に基づいて行われており、RC構造物の安全性は確保されています。しかし、現存する多くのRC構造物は、許容応力度設計法により設計されています。これらの構造物は適切な維持管理を行うことで今後も供用し続けていくことになりますが、大地震に対する安全性や耐震補強後の耐荷性能、劣化した状態における安全性の評価等については、限界状態設計法の考え方に基づいて実施することになります。

$$\varepsilon'_{cu} : x = \varepsilon_s : (d-x) \quad \rightarrow \quad \varepsilon_s = \frac{d-x}{x} \cdot \varepsilon'_{cu} \tag{4.50}$$

ここで、得られた鉄筋のひずみ ε_s が、

$$\varepsilon_s > \frac{f_y}{E_s} \tag{4.51}$$

であれば、鉄筋は降伏していることになり、前提が正しいといえます。なお、鉄筋が降伏していないという結果になった場合の考え方については後述します。

鉄筋の降伏が確認された場合は、中立軸位置 x を式（4.48）に代入することで、終局曲げモーメント M_u が得られます。

例題 5

例題 3 で対象とした各種断面を有する RC はりの終局曲げモーメントを求めなさい。ただし、コンクリートのヤング係数 E_c を 25000 N/mm^2、コンクリートの圧縮強度 f'_c を 30 N/mm^2、鉄筋のヤング係数 E_s を 200000 N/mm^2、鉄筋の降伏強度 f_y を 300 N/mm^2 とします。また、コンクリートの終局ひずみ ε'_{cu} を 0.0035 とします。

(1) 単鉄筋矩形断面
(2) 複鉄筋矩形断面
(3) 単鉄筋 T 形断面

解 答

(1) 単鉄筋矩形断面

中立軸位置 x は、式（4.49）を用いて算定できます。

$$x = \frac{1520 \cdot 300}{0.68 \cdot 30 \cdot 300} = 74.5 \text{ mm}$$

ここで、式（4.51）を用いて、鉄筋が降伏しているかどうかを確認します。

$$\varepsilon_s = \frac{450 - 74.5}{74.5} \cdot 0.0035 = 1.76 \times 10^{-2} > \frac{300}{200000} = 1.50 \times 10^{-3} \quad \rightarrow \quad \text{鉄筋は降伏している}$$

終局曲げモーメント M_u は、得られた中立軸位置 x を式（4.48）に代入することで求められます。

$$M_u = A_s \cdot f_y (d - 0.4x) = 1520 \cdot 300 \cdot (450 - 0.4 \cdot 74.5) = 1.92 \times 10^8 \text{ N·mm} = 192 \text{ kN·m}$$

(2) 複鉄筋矩形断面

式（4.47）を参考にして、軸力に関する力の釣合において圧縮鉄筋の力を考慮します。このとき、引張鉄筋と圧縮鉄筋がともに降伏していると仮定すると、以下の関係式が得られます。

$$0 = 0.68 f'_c \cdot b \cdot x + A'_s \cdot f'_y - A_s \cdot f_y$$

これを解くことにより、中立軸位置が得られます。

$$x = \frac{A_s \cdot f_y - A'_s \cdot f_y}{0.68 f'_c \cdot b} = \frac{1520 \cdot 300 - 397 \cdot 300}{0.68 \cdot 30 \cdot 300} = 55.0 \text{ mm}$$

ここで、引張鉄筋が降伏するときに圧縮鉄筋が降伏しているのかどうかについて確認します。

平面保持の仮定から、圧縮鉄筋のひずみは次のように求められます。

$$\varepsilon'_s = \frac{x-d'}{x} \cdot \varepsilon'_{cu} = \frac{55.0 - 50}{55.0} \cdot 0.0035 = 3.18 \times 10^{-4} < 0.0015 \quad \rightarrow \quad \text{圧縮鉄筋は降伏していない}$$

このことから、圧縮鉄筋が降伏しているという仮定は誤っていることになります。したがって、圧縮鉄筋は降伏していないと仮定して、再度軸力に関する力の釣合を考える必要があります。

$$0 = 0.68 f'_c \cdot b \cdot x + A'_s \cdot E_s \cdot \varepsilon'_s - A_s \cdot f_y$$

ここで、圧縮鉄筋のひずみは、先ほどと同様にコンクリートの終局圧縮ひずみを用いて、以下のように表されます。

$$\varepsilon'_s = \frac{x-d'}{x} \cdot \varepsilon'_{cu}$$

これを、上式に代入することで、次式を得ます。

$$0 = 0.68 f'_c \cdot b \cdot x + A'_s \cdot E_s \cdot \frac{x-d'}{x} \cdot \varepsilon'_{cu} - A_s \cdot f_y$$

式を整理すると、以下の二次方程式となります。

$$0.68 f'_c \cdot b \cdot x^2 + (A'_s \cdot E_s \cdot \varepsilon'_{cu} - A_s \cdot f_y) x - A'_s \cdot E_s \cdot \varepsilon'_{cu} \cdot d' = 0$$

それぞれの値を代入して解くことで、中立軸位置が得られます。すなわち、

$$0.68 \cdot 30 \cdot 300 \cdot x^2 + (397 \cdot 200000 \cdot 0.0035 - 1520 \cdot 300) x - 397 \cdot 200000 \cdot 0.0035 \cdot 50 = 0$$
$$\rightarrow \quad x = 64.4 \text{ mm}$$

ここで、圧縮鉄筋が降伏していないことを確認します。

$$\varepsilon'_s = \frac{x-d'}{x} \cdot \varepsilon'_{cu} = \frac{64.4 - 50}{64.4} \cdot 0.0035 = 7.83 \times 10^{-4} < 0.0015 \quad \rightarrow \quad \text{圧縮鉄筋は降伏していない}$$

このことから、圧縮鉄筋が降伏していないという仮定が正しいことが確認できました。また、引張鉄筋が降伏しているかどうかについても確認します。式(4.50)を用いると次のようになります。

$$\varepsilon_s = \frac{450 - 64.4}{64.4} \cdot 0.0035 = 2.10 \times 10^{-2} > \frac{300}{200000} = 1.50 \times 10^{-3} \quad \rightarrow \quad \text{引張鉄筋は降伏している}$$

終局曲げモーメント M_u は、コンクリートの圧縮合力まわりの曲げモーメントの釣合を考えることで求められます。

$$M_u = -A'_s \cdot E_s \cdot \varepsilon'_s (d' - 0.4 x) + A_s \cdot f_y (d - 0.4 x)$$
$$= -397 \cdot 200000 \cdot 7.83 \times 10^{-4} \cdot (50 - 0.4 \cdot 64.4) + 1520 \cdot 300 \cdot (450 - 0.4 \cdot 64.4)$$
$$= 1.92 \times 10^8 \text{ N} \cdot \text{mm} = 192 \text{ kN} \cdot \text{m}$$

(3) 単鉄筋T型断面

考え方：曲げ終局時に中立軸位置 x がウェブ内にあると仮定し、その仮定が正しいかを確認します。

中立軸位置 x がウェブ内にあると仮定すれば、コンクリートの圧縮合力 C'_c は例題3と同様の考え方で求められます。

$$C'_c = C'_{c1} - C'_{c2} = 0.85 f'_c \cdot b \cdot 0.8 x - 0.85 f'_c (b - b_w)(0.8 x - t)$$
$$= 0.68 f'_c \cdot b_w \cdot x + 0.85 f'_c \cdot t (b - b_w)$$

したがって、軸力に関する力の釣合は、次式のようになります。

$$0 = 0.68 f'_c \cdot b_w \cdot x + 0.85 f'_c \cdot t (b - b_w) - A_s \cdot f_y$$

この式を解くことで、中立軸位置 x が得られます。

$$x = \frac{A_s \cdot f_y - 0.85 f'_c \cdot t (b - b_w)}{0.68 f'_c \cdot b_w} = \frac{1520 \cdot 300 - 0.85 \cdot 30 \cdot 80 \cdot (900 - 300)}{0.68 \cdot 30 \cdot 300} = -125 \text{ mm}$$

この結果から、中立軸位置 x がウェブ内にあるという仮定は満たさないことがわかります。したがって、中立軸位置 x がフランジ内にあると仮定して、再度計算を行う必要があります。中立軸位置 x がフランジ内にある場合には、矩形断面と同様の計算となるので、式（4.49）を用いて中立軸位置 x が求められます。

$$x = \frac{1520 \cdot 300}{0.68 \cdot 30 \cdot 900} = 24.8 \text{ mm} < 80 \text{ mm} \rightarrow \text{中立軸位置はフランジ内にある}$$

ここで、式（4.50）を用いて、鉄筋が降伏しているかどうかを確認します。

$$\varepsilon_s = \frac{450 - 24.8}{24.8} \cdot 0.0035 = 6.00 \times 10^{-2} > \frac{300}{200000} = 1.50 \times 10^{-3} \rightarrow \text{鉄筋は降伏している}$$

終局曲げモーメント M_u は、得られた中立軸位置 x を式（4.48）に代入することで求められます。

$$M_u = A_s \cdot f_y (d - 0.4 x) = 1520 \cdot 300 \cdot (450 - 0.4 \cdot 24.8) = 2.01 \times 10^8 \text{ N} \cdot \text{mm} = 201 \text{ kN} \cdot \text{m}$$

なお、例題4において、T型断面の場合にはウェブの応力を無視して計算をしても差し支えないと述べましたが、ここではウェブの応力も考慮した計算方法を示しています。

4 曲げ破壊形態の種類と釣合鉄筋比

これまでは曲げ引張破壊するRCはりの終局曲げモーメントの算定方法について説明しました。ところで、式（4.50）で求めた鉄筋のひずみが降伏ひずみよりも小さい場合はどうなるでしょうか。そのような場合は、本章1節で説明したように、鉄筋が降伏することなく圧縮縁コンクリートが圧壊する曲げ圧縮破壊の挙動となります。

曲げ引張破壊と曲げ圧縮破壊の違いは、「鉄筋が降伏するかしないか」という点にあります。それでは、この破壊形態の違いを破壊時における断面のひずみ分布と応力分布から見てみましょう。

図4・17（a）は、曲げ引張破壊時のひずみ分布および応力分布になります。曲げ引張破壊をする場合には、圧縮縁コンクリートの圧縮ひずみは終局ひずみ ε'_{cu} となっており、鉄筋のひずみは降伏ひずみより大きい状態となっています。また、応力分布は、コンクリートは等価応力ブロックを仮定することになり、鉄筋の応力は降伏強度と等しくなっています。

図4・17（c）は、曲げ圧縮破壊時のひずみ分布および応力分布になります。曲げ圧縮破壊をする場合でも、圧縮縁コンクリートの圧縮ひずみは終局ひずみ ε'_{cu} となっていますが、鉄筋のひずみは降伏ひずみより小さい状態となっています。コンクリートの応力分布には、曲げ引張破壊時と

同様に等価応力ブロックを仮定することになります。鉄筋の応力は降伏強度よりも小さな値となっています。したがって、曲げ圧縮破壊するはりの終局曲げモーメントは、次のように求めることができます。

まず、曲げ引張破壊する場合と同様に、コンクリートの圧縮合力 C'_c と鉄筋の引張力 T_s に対して、軸力と曲げモーメントに関する以下の式が成り立っています。

$$0 = C'_c - T_s \tag{4.52}$$

$$M_u = C'_c(x - g_{cc}) + T_s(g_s - x) = C'_c(g_s - g_{cc}) = T_s(g_s - g_{cc}) \tag{4.53}$$

C'_c は、等価応力ブロックを用いることで、以下のように表されます。

$$C'_c = 0.8\,x \cdot 0.85 f'_c \cdot b = 0.68 f'_c \cdot b \cdot x \tag{4.54}$$

ここで、C'_c の作用位置は圧縮縁から $0.4\,x$ の距離であり、$g_{cc} = 0.4\,x$ となります。

一方、T_s は、前述のように鉄筋は降伏していないため、そのときのひずみの大きさを用いて、以下のように求めることになります。

$$T_s = A_s \cdot \sigma_s = A_s \cdot E_s \cdot \varepsilon_s \tag{4.55}$$

ここで、T_s の作用位置は圧縮縁から d の距離であり、$g_s = d$ となります。

したがって、式（4.54）、（4.55）を式（4.52）、（4.53）に代入することで、以下の式を得ます。

$$0 = 0.68 f'_c \cdot b \cdot x - A_s \cdot E_s \cdot \varepsilon_s \tag{4.56}$$

$$M_u = 0.68 f'_c \cdot b \cdot x\,(d - 0.4\,x) = A_s \cdot E_s \cdot \varepsilon_s\,(d - 0.4\,x) \tag{4.57}$$

ここで、平面保持の仮定を考慮すれば、鉄筋のひずみ ε_s はコンクリートの終局ひずみ ε'_{cu} を用いて以下のように表されます。

$$\varepsilon_s = \frac{d - x}{x} \cdot \varepsilon'_{cu} \tag{4.58}$$

これを式（4.56）に代入すると次式が得られます。

$$0 = 0.68 f'_c \cdot b \cdot x - A_s \cdot E_s \cdot \frac{d - x}{x} \cdot \varepsilon'_{cu} \tag{4.59}$$

式（4.59）を整理すると、中立軸位置 x に関する二次方程式が得られます。

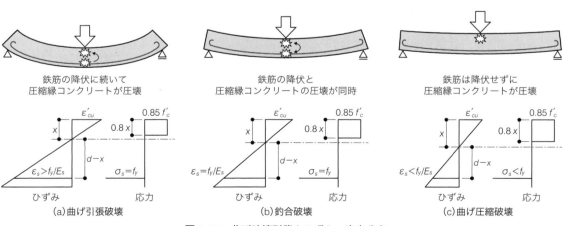

図 4・17　曲げ破壊形態とひずみ、応力分布

$$0.68 f'_c \cdot b \cdot x^2 + \varepsilon'_{cu} \cdot A_s \cdot E_s \cdot x - \varepsilon'_{cu} \cdot A_s \cdot E_s \cdot d = 0 \tag{4.60}$$

この二次方程式を解くことで、中立軸位置 x が得られます。ここで、曲げ圧縮破壊となる場合では鉄筋が降伏しないことを前提としているため、得られた中立軸位置 x を式（4.58）に代入することで鉄筋のひずみ ε_s を求め、降伏ひずみに達していないことを確認する必要があります。すなわち、

$$\varepsilon_s < \frac{f_y}{E_s} \tag{4.61}$$

であれば、鉄筋は降伏しておらず、前提が正しいといえます。

鉄筋が降伏しないことが確認できれば、得られた中立軸位置 x を式（4.57）に代入することで、終局曲げモーメントが得られます。

さて、ここでもう一度図4・17を見てみましょう。はりの曲げ破壊時、すなわち圧縮縁コンクリートのひずみが終局ひずみに達した時点においては、曲げ引張破壊となる場合では鉄筋はすでに降伏している状態であり、曲げ圧縮破壊となる場合では鉄筋は降伏していない状態です。ここで、鉄筋が降伏するかしないかは、断面に配置された鉄筋量により決まります。すなわち、鉄筋量が少なければ鉄筋は降伏しやすくなり、鉄筋量が多ければ鉄筋は降伏しにくくなります。

それでは、図4・17 (b) のようにコンクリートのひずみが終局ひずみに達したと同時に鉄筋が降伏する場合はどうなるでしょうか。そのような場合の鉄筋の断面積 A_s について考えてみましょう。

コンクリートの応力分布には等価応力ブロックを考え、鉄筋は降伏していることを考慮すると、断面における軸力と曲げモーメントに関する釣合条件から、以下の式が得られます。

$$0 = 0.68 f'_c \cdot b \cdot x - A_s \cdot f_y \tag{4.62}$$

$$M = 0.68 f'_c \cdot b \cdot x \, (d - 0.4 x) = A_s \cdot f_y \, (d - 0.4 x) \tag{4.63}$$

ここで、コンクリートのひずみが終局ひずみに達したと同時に鉄筋が降伏するということですので、平面保持の仮定から、鉄筋のひずみ ε_s とコンクリートの終局ひずみ ε'_{cu} には、次の関係が成り立ちます。

$$\varepsilon'_{cu} : x = \varepsilon_y : (d - x) \tag{4.64}$$

式（4.64）の関係式を解くことで、中立軸位置 x が以下のように得られます。

$$x = \frac{\varepsilon'_{cu}}{\varepsilon'_{cu} + \varepsilon_y} \cdot d \tag{4.65}$$

したがって、式（4.65）を式（4.63）に代入することで、破壊時の曲げモーメントを求めることができます。

通常、このように鉄筋の降伏とコンクリートの圧壊が同時に起こる破壊形態を「釣合破壊」と呼びます。また、そのときの鉄筋量を「釣合鉄筋量」、鉄筋比を「釣合鉄筋比」と呼び、それぞれ A_{sb} および p_b と表します。釣合破壊時の鉄筋の断面積は、式（4.65）を式（4.62）に代入して、鉄筋の断面積 A_s について解くことで得られます。すなわち、

$$A_{sb} = \frac{0.68 f'_c \cdot b \cdot x}{f_y} = \frac{0.68 f'_c}{f_y} \cdot \frac{\varepsilon'_{cu}}{\varepsilon'_{cu} + \varepsilon_y} \cdot b \cdot d \tag{4.66}$$

となります。したがって釣合鉄筋比 p_b は、

$$p_b = \frac{A_{sb}}{b \cdot d} = \frac{0.68 f'_c}{f_y} \cdot \frac{\varepsilon'_{cu}}{\varepsilon'_{cu} + \varepsilon_y} \tag{4.67}$$

と表されます。

　これまでの説明から、鉄筋比が釣合鉄筋比以下であれば曲げ引張破壊を生じ、釣合鉄筋比以上であれば曲げ圧縮破壊となることがわかります。

　さて、本章1節でも説明しましたが、RCはりには、耐荷性能とともに変形性能が求められます。曲げ圧縮破壊を生じるRCはりの場合では、鉄筋は降伏しないため破壊時の変形はそれほど大きくありません。したがって、曲げ圧縮破壊は避けるべき破壊形態であり、設計においては、曲げ引張破壊となるように鉄筋比を釣合鉄筋比よりも小さくする必要があります。一方、鉄筋比が小さすぎる場合には、曲げひび割れ発生時に鉄筋が降伏するなど、十分な耐荷性能を保持できないという問題も生じます。そこで、設計図書においては、鉄筋比の最小値と最大値を定めています。例えば示方書においては、最小鉄筋比は 0.2% 以上（T型断面では 0.3% 以上）とすることを定めており、また、最大鉄筋比は釣合鉄筋比の 75%（$0.75\,p_b$）以下となることを原則としています。

例題 6

例題3で対象とした各種断面を有するRCはりに対して、釣合鉄筋量を求めなさい。ただし、コンクリートのヤング係数 E_c を 25000 N/mm²、コンクリートの圧縮強度 f'_c を 30 N/mm²、鉄筋のヤング係数 E_s を 200000 N/mm²、鉄筋の降伏強度 f_y を 300 N/mm² とします。また、コンクリートの終局ひずみ ε'_{cu} を 0.0035 とします。

(1) 単鉄筋矩形断面
(2) 複鉄筋矩形断面
(3) 単鉄筋T型断面

解答

(1) 単鉄筋矩形断面

鉄筋のヤング係数と降伏強度を用いて降伏ひずみ ε_y を求めます。

$$\varepsilon_y = \frac{f_y}{E_s} = \frac{300}{200000} = 0.0015$$

ここで、式 (4.66) を用いることで、釣合鉄筋量 A_{sb} が得られます。

$$A_{sb} = \frac{0.68 f'_c}{f_y} \cdot \frac{\varepsilon'_{cu}}{\varepsilon'_{cu} + \varepsilon_y} \cdot b \cdot d = \frac{0.68 \cdot 30}{300} \cdot \frac{0.0035}{0.0035 + 0.0015} \cdot 300 \cdot 450 = 6.43 \times 10^3 \text{ mm}^2$$

また、式 (4.67) を用いることで、釣合鉄筋比 p_b が得られます。

$$p_b = \frac{A_{sb}}{b \cdot d} = \frac{0.68 f'_c}{f_y} \cdot \frac{\varepsilon'_{cu}}{\varepsilon'_{cu} + \varepsilon_y} = \frac{0.68 \cdot 30}{300} \cdot \frac{0.0035}{0.0035 + 0.0015} = 4.76 \times 10^{-2} = 4.76\,\%$$

(2) 複鉄筋矩形断面

式（4.65）を用いて、釣合破壊時の中立軸位置 x を求めます。

$$x = \frac{\varepsilon'_{cu}}{\varepsilon'_{cu} + \varepsilon_y} \cdot d = \frac{0.0035}{0.0035 + 0.0015} \cdot 450 = 315 \text{ mm}$$

ここで、引張鉄筋が降伏するときの圧縮鉄筋の降伏の有無について確認します。平面保持の仮定から、圧縮鉄筋のひずみは以下のように求められます。

$$\varepsilon'_s = \frac{x - d'}{x} \cdot \varepsilon'_{cu} = \frac{315 - 50}{315} \cdot 0.0035 = 0.00294 > 0.0015 \quad \rightarrow \quad \text{圧縮鉄筋は降伏している}$$

したがって、軸力に関する力の釣合により、以下の関係式が得られます。

$$0 = 0.68 f'_c \cdot b \cdot x + A'_s \cdot f'_y - A_s \cdot f_y$$

この関係式を A_s について解くことで、釣合鉄筋量 A_{sb} が得られます。

$$A_{sb} = \frac{0.68 f'_c \cdot b \cdot x + A'_s \cdot f'_y}{f_y} = \frac{0.68 \cdot 30 \cdot 300 \cdot 315 + 397 \cdot 300}{300} = 6.82 \times 10^3 \text{ mm}^2$$

(3) 単鉄筋 T 型断面

式（4.65）を用いて、釣合破壊時の中立軸位置 x を求めます。

$$x = \frac{\varepsilon'_{cu}}{\varepsilon'_{cu} + \varepsilon_y} \cdot d = \frac{0.0035}{0.0035 + 0.0015} \cdot 450 = 315 \text{ mm}$$

この結果より、中立軸位置はウェブ内にあることになります。例題5を参考にすると、軸力に関する力の釣合は次式で表されます。

$$0 = 0.68 f'_c \cdot b_w \cdot x + 0.85 f'_c \cdot t (b - b_w) - A_s \cdot f_y$$

この式を A_s について解くことで、釣合鉄筋量 A_{sb} が得られます。

$$A_{sb} = \frac{0.68 f'_c \cdot b_w \cdot x + 0.85 f'_c \cdot t (b - b_w)}{f_y} = \frac{0.68 \cdot 30 \cdot 300 \cdot 315 + 0.85 \cdot 30 \cdot 80 \cdot (900 - 300)}{300}$$
$$= 1.05 \times 10^4 \text{ mm}^2$$

5 曲げを受ける RC はりのひび割れと変形

前節までは、曲げモーメントを受ける RC はりの曲げひび割れの発生や曲げ降伏、曲げ終局などの挙動に対して、主に力の観点から学んできました。この節では、曲げモーメントを受ける RC はりの各状態におけるひび割れと変形に焦点を当てていきます。

1 付着とひび割れ

前述したように、RC はりは、使用時には曲げひび割れが生じていることを前提としています。すなわち、状態 II にあるということです。しかし、ひび割れはコンクリート内部への有害な物質の侵入路となるため、ひび割れ幅が大きいと耐久性を考える上で問題となります。したがって、

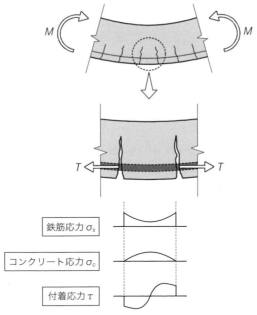

図4・18 RCはりのひび割れ間における応力

▶ COLUMN：付着応力と鉄筋応力の関係

付着応力と鉄筋応力の関係（式（4.68））は、図に示すような微小区間 dx において、コンクリート中の鉄筋に作用する力の釣合を考えることで得ることができます。このとき、鉄筋に作用する力は、鉄筋の引張力 P とコンクリートとの界面における付着力 T であり、それぞれ以下のように求めることができます。

引張力 P は、両端（位置 x および $x+dx$）の鉄筋応力を考えます。位置 x における鉄筋応力を $\sigma_s(x)$ とすると、微小区間 dx 離れた位置の応力 $\sigma_s(x+dx)$ は、応力増分を $d\sigma_s(x)$ とすると、以下のように表すことができます。

$$\sigma_s(x+dx) = \sigma_s(x) + d\sigma_s(x)$$

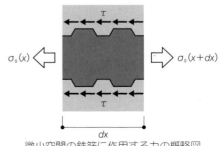

微小空間の鉄筋に作用する力の概略図

したがって、鉄筋の断面積を A_s とすると、鉄筋の引張力 $P(x)$ および $P(x+dx)$ は、それぞれ $A_s \cdot \sigma_s(x)$ および $A_s \cdot (\sigma_s(x) + d\sigma_s(x))$ となります。

一方、付着力 T は、鉄筋の表面に作用する付着応力 τ を積分することで得られます。微小区間 dx が、付着応力 τ が一定であると仮定できるくらい微小であるとすると、鉄筋に作用する付着力 T は鉄筋の直径 D を用いて以下のように求めることができます。

$$T = \int \tau\, dx = \tau \cdot \pi \cdot D \cdot dx$$

微小区間 dx においては、引張力 P の増分と付着力 T は釣り合っているため、次式が成り立ちます。

$P(x+dx) - P(x) = T$
→ $A_s \cdot (\sigma_s(x) + d\sigma_s(x)) - A_s \cdot \sigma_s(x) = \tau \cdot \pi \cdot D \cdot dx$
→ $A_s \cdot d\sigma_s(x) = \tau \cdot \pi \cdot D \cdot dx$

これを、τ について解くと、式（4.68）が得られます。

設計においては、発生するひび割れを適切に制御する必要があります。ここでは、曲げひび割れの幅や間隔について学びます。

①付着の力学機構

いま、図4・18のように、曲げモーメントのみが作用するRCはりにおいて、ひび割れとひび割れの間の領域に着目します。2つのひび割れに囲まれた領域は、鉄筋が両端から引っ張られるような状態となっています。ここで、コンクリートと鉄筋それぞれに作用する応力について、はり軸方向の変化を見てみましょう。

鉄筋の応力は、ひび割れ位置では鉄筋のみで引張力を負担していることから両端で最大となります。また、ひび割れから離れるにつれて応力は減少し、ひび割れ間の中央で最小となります。一方、コンクリートに作用する応力は、ひび割れ位置においては引張力を負担しないため0となります。また、ひび割れから離れるにつれて応力は増加し、ひび割れ間の中央で最大となります。

さて、このときコンクリートと鉄筋間には付着応力が生じています。すなわち、コンクリートに作用する応力は、コンクリートと鉄筋の付着作用を介して、鉄筋に作用する応力の一部がコンクリートへ伝達されることで生じているということになります。

ここで、付着応力と鉄筋の応力には、以下のような関係が成り立っています。

$$\tau = \frac{A_s}{\pi \cdot D} \cdot \frac{d\sigma_s}{dx} = \frac{D}{4} \cdot \frac{d\sigma_s}{dx} \tag{4.68}$$

τ：付着応力（N/mm²）
σ_s：鉄筋の応力（N/mm²）
A_s：鉄筋の断面積（mm²）
D：鉄筋の直径（mm）

式（4.68）より、付着応力は鉄筋の軸方向の応力勾配（変化率）$\frac{d\sigma_s}{dx}$に比例しているということになります。また、式（4.68）からわかるように、鉄筋の直径が大きいほど付着応力は大きくなることがわかります。これは、1本当たりの周長が大きくなるためといえます。ただし、鉄筋量が同一である場合には、太径の鉄筋を用いるよりも細径の鉄筋を多く使用した方が、より大きな付着力を得ることができます。

②ひび割れ幅とひび割れ間隔

図4・19は、RCはりにおける曲げひび割れの発生と進展の様子を示したものです。すでに説明したように、曲げひび割れは、RCはりに作用する曲げモーメントが曲げひび割れ発生モーメントに達するときに生じます。しかし、すべてのひび割れが同時に発生するわけではありません。コンクリートには強度のばらつきが存在するため、まずは最も強度の低い箇所にひび割れが生じます。その後、さらに曲げモーメントを大きくすると、次々に新たなひび割れが発生していきます。最終的には、ある一定の間隔でひび割れが発生し、その後新たなひび割れが生じることはなくなります。

このような現象は、先述の鉄筋位置での応力状態を用いて説明することができます。まず、ひ

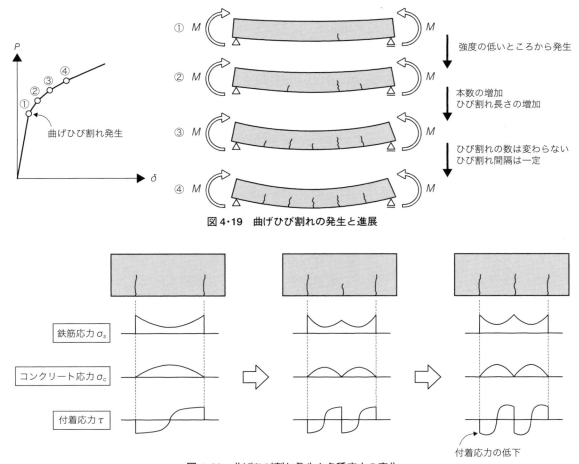

図4・19 曲げひび割れの発生と進展

図4・20 曲げひび割れ発生と各種応力の変化

び割れ発生以前においては、コンクリートと鉄筋には引張応力が作用しています。その後、強度の弱い箇所でひび割れが入ります。ここで、図4・20のように2つのひび割れが同時に入った場合を考えてみましょう。前述のように、コンクリートに作用する引張応力は、ひび割れ間の中央において最大となります。曲げモーメントを増加させると、やがてこの最大の応力がひび割れ発生強度に達します。その結果、図のように、中央にひび割れが入り、コンクリートと鉄筋の応力分布が変化します。さらに曲げモーメントを増大させていくと、同様のことが次々と起こります。

一方、コンクリートと鉄筋の付着作用も、やがてはなくなることになります。すなわち、付着作用においても応力が最大となる付着強度が存在し、付着強度以上には応力を伝達できません。その結果、鉄筋の引張力がコンクリートに伝達されなくなり、新たなひび割れが発生しなくなります。このときのひび割れ間隔を「最大ひび割れ間隔」と呼び、l_{max}で表します。このように、新たなひび割れの発生は、コンクリートと鉄筋の付着作用の大きさに影響を受けることがわかります。すなわち、付着力が大きいほど、ひび割れはより多く発生することになり、最大ひび割れ間隔は小さくなることになります。

さて、そのように生じたひび割れですが、ひび割れの幅は鉄筋とコンクリートの伸び量の差と

して考えることができます。すなわち、ひび割れ間の領域から鉄筋の抜出し量を考えることで、ひび割れ幅を算定することができます。このとき、新たにひび割れが発生しない状態であるとするならば、鉄筋とコンクリートの伸び量は、鉄筋位置における鉄筋とコンクリートの平均ひずみと最大ひび割れ間隔 l_{max} の積で表せるため、ひび割れ幅 w は次式のように求められます。

$$w = \overline{\varepsilon_s} \cdot l_{max} - \overline{\varepsilon_c} \cdot l_{max} = (\overline{\varepsilon_s} - \overline{\varepsilon_c}) l_{max} \tag{4.69}$$

$\overline{\varepsilon_s}$：鉄筋位置における鉄筋の平均ひずみ
$\overline{\varepsilon_c}$：鉄筋位置におけるコンクリートの平均ひずみ

式（4.69）はあくまでも鉄筋位置におけるひび割れ幅を表しています。ただし、鉄筋やコンクリートの平均的なひずみは、コンクリートと鉄筋の付着特性等により影響されるため、必ずしも明確に求めることはできません。また、一般的には、コンクリート表面におけるひび割れ幅の方が重要となりますが、コンクリート表面と鉄筋位置ではひび割れ幅の大きさは異なります。

そこで、通常は、鉄筋の平均ひずみ $\overline{\varepsilon_s}$ はひび割れ位置の鉄筋のひずみ（$\varepsilon_s = \dfrac{\sigma_s}{E_s}$）により代表させること、また、コンクリート表面においてはコンクリートの平均ひずみ $\overline{\varepsilon_c}$ は鉄筋の平均ひずみ $\overline{\varepsilon_s}$ と比較して非常に小さいため無視する（$\overline{\varepsilon_c} = 0$）こと等により式を簡略化します。一方で、コンクリートは、クリープや収縮の影響により、曲げモーメントの大きさに関わらずひずみが生じることでひび割れ幅が増大します。それらのことを考慮することにより、コンクリート表面におけるひび割れ幅は、次式のように表すことができます。

$$w = \left(\dfrac{\sigma_s}{E_s} + \varepsilon_\phi\right) l_{max} \tag{4.70}$$

σ_s：ひび割れ位置の鉄筋応力（N/mm²）
E_s：鉄筋のヤング係数（N/mm²）
ε_ϕ：クリープや収縮の影響により生じるコンクリートのひずみ

► **COLUMN：ひび割れ幅と鉄筋腐食**

RCはりでは、ひび割れから有害物質が侵入するとコンクリート内部に配置された鉄筋が腐食します。鉄筋は腐食により体積が3倍程度まで増加するため、その膨張圧によってコンクリートにひび割れが発生し、その結果、かぶりの剥落などの問題が生じます。また、腐食により鉄筋の断面積は減少するため、腐食が進行することで鉄筋が負担すべき引張力が低下していきます。すなわち、鉄筋の腐食によりRCはりの耐荷性能は低下することになります。RCはりは、使用時にはひび割れが生じた状態（状態Ⅱ）ですので、コンクリートのひび割れ幅を小さくすることで、ひび割れからの有害物質の侵入を抑制するように設計します。

それでは、具体的にはどれくらいのひび割れ幅であればよいのでしょうか。示方書では、式（4.72）で算定されるコンクリート表面におけるひび割れ幅が、鉄筋の腐食に対するひび割れ幅の限界値以下であることを確認することを定めており、限界値として 0.005c（cはかぶり（mm））としています。例えば、かぶりが 30 mm であれば、鉄筋の腐食に対するひび割れ幅の限界値は、0.15 mm となります。

ただし、この限界値はあくまでも設計における前提条件であるため、実際に鉄筋が腐食するのかしないのか、鉄筋が腐食するならば何年後なのか、といった情報は与えてくれません。鉄筋腐食に関する詳細な検討については、別途鉄筋位置の塩化物イオン濃度を評価する等の計算が必要となってきます。

先述のように、付着力が大きいほど最大ひび割れ間隔は小さくなるため、結果としてひび割れ幅は小さくなります。このようにして求められるひび割れ幅ですが、最大ひび割れ間隔 l_{max} は、コンクリートの引張強度、かぶり、鉄筋径、鉄筋本数、コンクリートと鉄筋の付着特性等、さまざまな要因に影響されるため、厳密に求めることは非常に困難です。そこで、現行の設計図書では、これまでに実施された実験結果をもとにした実験式を用いて評価することになっています。例えば、示方書は、最大ひび割れ間隔 l_{max} をかぶり、鉄筋間隔および鉄筋径の関数とした次式を提示しています。

$$l_{max} = 4c + 0.7(c_s - \phi) \tag{4.71}$$

c：かぶり（mm）
c_s：鉄筋の中心間隔（mm）
ϕ：鉄筋径（mm）

また、コンクリート表面のひび割れ幅の評価には、式（4.71）の最大ひび割れ間隔を用いて次式に示すひび割れ幅算定式を提示しています。

$$w = 1.1\, k_1 \cdot k_2 \cdot k_3 \{4c + 0.7(c_s - \phi)\} \left(\frac{\sigma_s}{E_s} + \varepsilon'_{csd} \right) \tag{4.72}$$

k_1：付着特性を表す定数
　　　異形鉄筋の場合 1.0、普通丸鋼および PC 鋼材の場合 1.3
k_2：コンクリートの品質の影響を表す係数
　　　圧縮強度 f'_c を用いて、$k_2 = \dfrac{15}{f'_c + 20} + 0.7$
k_3：引張鉄筋の段数の影響を表す係数
　　　段数 n を用いて、$k_3 = \dfrac{5(n+2)}{7n+8}$
ε'_{csd}：コンクリートの収縮およびクリープによるひび割れ幅の増加を考慮するための数値であり、環境条件や荷重条件により $100 \times 10^{-6} \sim 450 \times 10^{-6}$ の範囲で与えられる。

例題 7

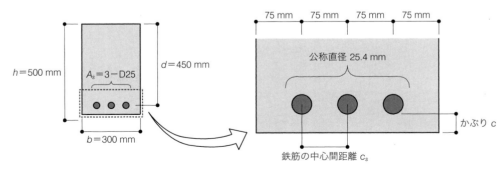

単鉄筋矩形断面における鉄筋配置の詳細

例題3で対象とした単鉄筋矩形断面のRCはりにおけるひび割れ幅を求めなさい。ただし、断面の詳細は図に示すとおりとし、鉄筋の公称直径は25.4 mmとします。また、作用する曲げモーメントは例題3と同様であるとします。ひび割れ幅の算定は式（4.70）を用いて行うこととし、クリープや収縮の影響により生じるコンクリートのひずみは$\varepsilon_\phi = 150 \times 10^{-6}$とします。また、最大ひび割れ間隔は$l_{max} = 4c + 0.7(c_s - \phi)$により求めることとします。ただし、$c$はかぶり（mm）、$c_s$は鉄筋の中心間隔（mm）、$\phi$は鉄筋径（mm）です。

[解 答]

例題3より、鉄筋に作用する応力は165 N/mm²でした。与えられた条件を式（4.70）に代入すると、以下のようにひび割れ幅を求めることができます。

$$w = \left(\frac{\sigma_s}{E_s} + \varepsilon_\phi\right) l_{max} = \left(\frac{\sigma_s}{E_s} + \varepsilon_\phi\right) \{4c + 0.7(c_s - \phi)\}$$

$$= \left(\frac{165}{200000} + 150 \times 10^{-6}\right) \cdot \left\{4 \cdot \left(50 - \frac{25.4}{2}\right) + 0.7 \cdot (75 - 25.4)\right\} = 0.18 \text{ mm}$$

2 曲げモーメント−曲率関係

本章1節では、単鉄筋矩形断面のRCはりの挙動を例として挙げ、荷重とたわみの関係の概略を示しました。一方、2〜4節で説明したように、RCはりの各状態における応力やひずみは、断面計算により求めました。また、曲げひび割れの発生や鉄筋の降伏、曲げ終局時等の特徴的な挙動が生じる際の力の評価では、曲げモーメントの大きさを指標としました。これは、RCはりの力学特性が断面諸元で定まるためであるという理由とともに、曲げモーメントが等しい場合であってもスパン長の違いにより荷重は異なるため、荷重では力学特性を一意に表せないという理由もあるからです。変形についても同様のことがいえます。すなわち、スパン長が違えば同一断面を有するはりであってもたわみの大きさが変わるため、たわみではRC断面の変形を一意に表すことができません。

そこで、RC断面に対しては、荷重の代わりに「曲げモーメント」を、たわみの代わりに断面の変形度合いである「曲率」を指標とします。曲率は、はりのスパン長によらないため、RC断面の変形特性を表す指標として適しています。曲率は、以下の式により求められます。

$$\phi = \frac{\varepsilon(y)}{y} \tag{4.73}$$

y：中立軸からの距離
$\varepsilon(y)$：yの位置におけるひずみ

2〜4節で説明したRCはりの断面計算においては、圧縮縁コンクリートのひずみε'_cと鉄筋のひずみε_sに着目してきました。それらを用いると、式（4.73）は次式のようになります。

$$\phi = \frac{\varepsilon'_c + \varepsilon_s}{d} = \frac{\varepsilon'_c}{x} = \frac{\varepsilon_s}{d-x} \tag{4.74}$$

さて、ここからはRCはりの力学挙動が変化する「曲げひび割れ発生時」、「曲げ降伏時」およ

び「曲げ終局時」における曲率について見ていきましょう。これまでの説明から、それぞれの時点のコンクリートのひずみや鉄筋のひずみは明らかになっているので、それらを用います。

曲げひび割れ発生時の曲率 ϕ_{cr} は、コンクリートの曲げひび割れ強度時のひずみを用いることで、以下のように求められます。

$$\phi_{cr} = \frac{\frac{f_b}{E_c}}{h-x} \tag{4.75}$$

また、曲げ降伏時の曲率 ϕ_y は、鉄筋の降伏ひずみ ε_y を用いることで求められます。

$$\phi_y = \frac{\varepsilon_y}{d-x} \tag{4.76}$$

最後に曲げ終局時の曲率 ϕ_u は、コンクリートの終局ひずみ ε'_{cu} を用いることで求められます。

$$\phi_u = \frac{\varepsilon'_{cu}}{x} \tag{4.77}$$

なお、曲げ終局時の曲率の算定には、鉄筋の降伏ひずみを用いることはできないことに注意してください。降伏後の鉄筋は、応力は一定ですがひずみは一定ではありません。

さて、ここで、曲げモーメントと曲率の関係について考えてみましょう。はり理論によれば、曲げモーメント M と応力 σ には、以下の関係があります。

$$\sigma(y) = \frac{M}{I} \cdot y \tag{4.78}$$

弾性状態であれば、フックの法則（$\sigma = E \cdot \varepsilon$）を用いることで、式 (4.78) の左辺は以下のようになります。

$$E \cdot \varepsilon(y) = \frac{M}{I} \cdot y \tag{4.79}$$

式 (4.79) を M について解くと、次式が得られます。

$$M = E \cdot I \cdot \frac{\varepsilon(y)}{y} \tag{4.80}$$

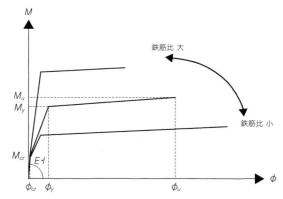

図 4・21　曲げ引張破壊する RC はりの曲げモーメント－曲率関係の例

ここで、式（4.73）を式（4.80）に代入することで、次式に示す曲げモーメントと曲率の関係が得られます。

$$M = E \cdot I \cdot \phi \tag{4.81}$$

ここで、$E \cdot I$ を「曲げ剛性」と呼びます。式（4.81）より、曲げモーメントと曲率は比例関係にあり、その傾きは曲げ剛性 $E \cdot I$ により表されるということになります。

図4・21は、曲げ引張破壊するRCはりの曲げモーメント－曲率関係の一例を示しています。通常、曲率は曲げ降伏後に急激に増大する傾向にあります。また、鉄筋比が大きくなると終局曲げモーメントは大きくなりますが、それに対応する曲率は小さくなります。

前述したように、RC構造においては変形性能も求められます。特に、曲げ降伏後にどれくらい変形できるかという点が重要となります。そこで、曲げ降伏後の変形を表すために、曲率じん性率 μ という指標が用いられます。曲率じん性率 μ は、曲げ降伏時および曲げ終局時の曲率を用いて、次式により与えられます。

$$\mu = \frac{\phi_u}{\phi_y} \tag{4.82}$$

先ほど、鉄筋比の違いにより、耐荷性能や変形性能が変化すると説明しました。すなわち、鉄筋比は部材の性能に大きな影響を及ぼすパラメータであることがわかります。鉄筋比が小さすぎると、ひび割れ発生時に鉄筋が降伏あるいは破断し、引張力を受け持てなくなることや、ひび割れが過剰に開くことにつながります。また、前述のように鉄筋比が大きくなると終局に至るまでの変形量が小さくなりますし、鉄筋比が釣合鉄筋比よりも大きくなると曲げ圧縮破壊することになります。

例題 8

例題2および4、5で対象とした単鉄筋矩形断面を有するRCはりの曲げモーメント曲率関係を求めなさい。

[解 答]

例題2より、曲げひび割れ発生モーメントは $M_{cr} = 60.8$ kN·m です。このときの、中立軸位置は $x = 265$ mm ですので、式（4.75）を用いることで、以下のように曲げひび割れ発生時の曲率 ϕ_{cr} が得られます。

$$\phi_{cr} = \frac{\frac{f_b}{E_c}}{h-x} = \frac{\frac{4.0}{25000}}{500-265} = 6.81 \times 10^{-7} \text{ mm}^{-1}$$

例題4より、曲げ降伏モーメントは $M_y = 182$ kN·m です。このときの中立軸位置は $x = 155$ mm ですので、式（4.76）を用いることで、以下のように曲げ降伏時の曲率 ϕ_y が得られます。

$$\phi_y = \frac{\varepsilon_y}{d-x} = \frac{0.0015}{450-155} = 5.08 \times 10^{-6} \text{ mm}^{-1}$$

例題5より、終局曲げモーメントは $M_u = 192$ kN·m です。このときの中立軸位置は $x = 74.5$ mm

ですので、式（4.77）を用いることで、以下のように曲げ終局時の曲率 ϕ_u が得られます。

$$\phi_u = \frac{\varepsilon'_{cu}}{x} = \frac{0.0035}{74.5} = 4.70 \times 10^{-5} \text{ mm}^{-1}$$

以上の結果を曲げモーメント－曲率関係として表すと、図のようになります。

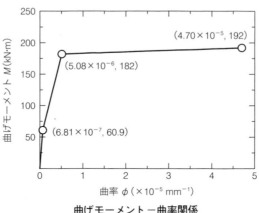

曲げモーメント－曲率関係

3 たわみの算定

はりのたわみは、使用性に大きな影響を及ぼします。荷重作用による短期的なたわみはもちろんのこと、近年ではクリープや収縮の影響により、長期にわたってたわみが増大する事例も報告されています。ここでは、RC はりの短期のたわみと長期のたわみに関する考え方について学びます。

①短期のたわみ

すでに述べたように、RC 断面の変形の指標には曲率を用いますが、実際の構造物は形のあるものですので、その設計においてはたわみに対する配慮も必要となります。

曲率はたわみを 2 階微分することで求められます。したがって、次式で表される曲率を部材軸方向 z に対して 2 階積分すれば、たわみを求めることができます。

$$\phi = \frac{\partial^2 v(z)}{\partial z^2} = \frac{M(z)}{E(z) \cdot I(z)} \tag{4.83}$$

ここで、M、E および I は、いずれも z の関数であることに注意してください。

RC はりにおいては、曲げひび割れ等の影響により、部材軸方向の曲率の変化を正確に求めることは困難です。すなわち、式（4.83）における E や I の評価が困難であるということになります。使用状態においては、コンクリートは弾性状態であるため E は一定（$E(z) = E_c$）とすることができます。そのため、I に対する評価が重要となります。I については、いくつかの提案がされていますが、代表的な例として、Branson により提案された有効断面二次モーメント I_e があります。

$$I_e(z) = \left(\frac{M_{cr}}{M(z)}\right)^4 I_g + \left\{1 - \left(\frac{M_{cr}}{M(z)}\right)^4\right\} I_{cr} \leqq I_g \tag{4.84}$$

M_{cr}：曲げひび割れ発生モーメント（kN·m）

$M(z)$：z 位置における作用曲げモーメント（kN·m）

I_g：コンクリートの全断面を有効とする断面二次モーメント（kN·m）

I_{cr}：ひび割れ断面の断面二次モーメント（kN·m）

式（4.84）で与えられる有効断面二次モーメント I_e は、部材軸方向 z に対して変化するため、たわみを求めるためには、I_e の積分が必要となります。一方、より簡易な考え方として、部材軸方向に一定の有効断面二次モーメントを与える方法もあります。

$$I_e = \left(\frac{M_{cr}}{M_{\max}}\right)^3 I_g + \left\{1 - \left(\frac{M_{cr}}{M_{\max}}\right)^3\right\} I_{cr} \leq I_g \tag{4.85}$$

$M_{\max}$：部材に作用する最大曲げモーメント（kN·m）

式（4.84）、（4.85）で与えられる有効断面二次モーメント I_e を用いる場合は、弾性はりに対するたわみの式により荷重作用時のたわみを求めることができます。

②長期のたわみ

コンクリートは、クリープや収縮の影響により長期間にわたって変形が生じます。また、コンクリートと鉄筋の付着作用によるクリープ（付着クリープ）等の影響もあり、RC 構造は時間の経過とともにたわみが増大します。近年では、そのような長期のたわみが原因となり、使用性に重大な影響を及ぼす問題が生じた事例もあります。

長期のたわみに影響を及ぼす要因としては、永久荷重の大きさや載荷材齢、環境条件、コンクリートの性質、鉄筋比や圧縮鉄筋の有無等、さまざまあります。しかし、それらが時間経過とともにたわみに及ぼす影響の程度は、これまで十分に把握されていないため、長期のたわみを予測することは困難であるのが現状です。現在では、短期のたわみに対してクリープ係数（クリープひずみと荷重により生じる弾性ひずみの比）を乗じることにより、簡易的に長期のたわみを求める方法等があります。また、近年では、有限要素法等の解析手法を用いて、数値解析的に長期のたわみを求める方法も提案されています。

なお、長期的なたわみは、圧縮を受けるコンクリートのクリープ変形が主な要因となっていますので、たわみを抑制するには圧縮鉄筋を配置することが有効とされています。

► **COLUMN：有限要素法（Finite Element Method, FEM）**

有限要素法（以下、FEM）とは、微分方程式を近似的に解く解析手法の一種です。FEM では、解析の対象を有限個の小領域（要素）に分けて考え、要素に対して共通の簡易な方程式を仮定し、それらを統合することで解析対象全体の方程式を構築します。たとえどんなに複雑な微分方程式となるような現象であったとしても、FEM においては連立 1 次方程式の問題へと帰着されます。また、FEM では要素ごとの単純な計算を繰り返すことで問題を解くことができるので、コンピュータを用いた計算に適した手法です。

FEM は 1956 年に航空機分野において開発されたものですが、土木分野においても 1960 年代頃から利用されています。特に、近年はコンピュータ技術の発展が著しく、構造工学、土質力学、流体力学などさまざまな分野で利用されています。コンクリート分野においては、RC 構造の耐荷性能や変形性能の評価のほか、クリープや乾燥収縮などに起因する長期たわみの予測や、コンクリートの材齢初期における水和熱や収縮に起因する初期ひび割れの評価などに利用されています。

■ **演習問題 4-1** ■ 右図のように単純支持されたコンクリート製のはりを考える。断面の寸法が、高さ $h = 1000$ mm、幅 $b = 500$ mm であるとき、以下の問いに答えなさい。ただし、コンクリートの曲げひび割れ強度 f_{bc} を 5.0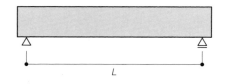

N/mm^2、コンクリートの密度 ρ_c を 2300 kg/m^3、重力加速度 g を 9.8 m/sec^2 とする。

(1) このはりの曲げひび割れ発生モーメント M_{cr} を求めなさい。

(2) このはりが自重のみで壊れるときのスパン長 L_{max} を求めなさい。

■ **演習問題 4-2** ■ 演習問題 4-1 で対象としたはりに対して、はりの上縁から 900 mm の位置に D25 を 4 本配置した RC はりを考える。スパン長 L を 5000 mm とした場合、以下の問いに答えなさい。ただし、鉄筋のヤング係数 E_s を 200000 N/mm^2 とし、鉄筋とコンクリートのヤング係数比 n を 15 とする。また、自重は無視してよいこととする。

(1) このはりのスパン中央に集中荷重として 200 kN の荷重が作用した場合、スパン中央断面の上縁コンクリートおよび鉄筋に作用する応力度を算定しなさい。

(2) このはりのスパン中央に集中荷重として 400 kN の荷重が作用した際に、上縁コンクリートおよび鉄筋に作用する応力度を算定しなさい。また、上縁コンクリートの応力度を 10 N/mm^2 以下、かつ鉄筋の応力度を 180 N/mm^2 以下とするためには、D25 を何本配置すればよいのかを求めなさい。

■ **演習問題 4-3** ■ 右図に示す単鉄筋矩形断面を有する RC はりに対して、以下の問いに答えなさい。ただし、コンクリートの圧縮強度 f'_c を 24 N/mm^2、ヤング係数 E_c を 25000 N/mm^2 とし、鉄筋の降伏強度 f_y を 350 N/mm^2、ヤング係数 E_s を 200000 N/mm^2 とする。また、コンクリートの終局ひずみ ε'_{cu} を 0.0035 とする。

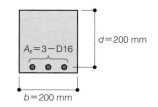

単鉄筋矩形断面

(1) この RC はりの終局曲げモーメント M_u とそのときの曲率 ϕ_u を求めなさい。

(2) この断面の釣合鉄筋比 p_b を求めなさい。

(3) D16 を 3 本配置する代わりに D25 を 3 本配置した場合、終局曲げモーメントとそのときの曲率を求めなさい。

■ **演習問題 4-4** ■ 演習問題 4-3 で対象とした単鉄筋矩形断面を有する RC はりに対して、以下の問いに答えなさい。

(1) コンクリートの圧縮強度を 2 倍（48 N/mm^2）としたときの、終局曲げモーメントとそのときの曲率を求めなさい。

(2) 鉄筋の断面積を 2 倍（$A_s = 1192$ mm^2）としたときの、終局曲げモーメントとそのときの曲率を求めなさい。

(3) 鉄筋の降伏強度を 300 N/mm² および 400 N/mm² としたときの、終局曲げモーメントとそのときの曲率を求めなさい。

(4) (1)～(3) の結果をもとに、コンクリートの圧縮強度、鉄筋の断面積および降伏強度が RC はりの終局曲げモーメントと終局時の曲率に及ぼす影響について考察しなさい。

■ **演習問題 4-5** ■　右図に示す単鉄筋矩形断面を有する RC はりに、150 kN·m の曲げモーメントが作用するとき、設計上 $A_s = 1900$ mm² 以上の鉄筋が必要となることがわかった。このとき、以下の問いに答えなさい。ただし、鉄筋のヤング係数 E_s を 200000 N/mm² とし、鉄筋とコンクリートのヤング係数比 n を 15 とする。

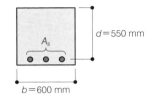

単鉄筋矩形断面

(1) 鉄筋として、D16、D22、D29 のいずれかを使用するとする。それぞれ何本の鉄筋が必要となるかを答えなさい。また、鉄筋を必要量配置したときの、鉄筋に生じる応力をそれぞれ求めなさい。

(2) このはりのコンクリート表面のひび割れ幅を式 (4.70) を用いて求めなさい。ただし、クリープや収縮の影響により生じるコンクリートのひずみは $\varepsilon_\phi = 150 \times 10^{-6}$ とし、最大ひび割れ間隔は、$l_{max} = 4c + 0.7(c_s - \phi)$ により求めることとする。ここで、c はかぶり (mm)、c_s は鉄筋の中心間隔 (mm)、ϕ は鉄筋径 (mm) である。なお、いずれの鉄筋を用いた場合にも、かぶりを 35mm とする。また、鉄筋は、D16、D22、D29 のそれぞれの場合に対して、中心間隔を 55mm、100mm、150mm として配置することとする。

(3) いずれの鉄筋を用いるのが望ましいかを、耐久性の観点から考察しなさい。

■ **演習問題 4-6** ■　右図に示す単鉄筋矩形断面を有する RC はりが、スパン長 10000 mm の単純支持条件にあるとき、スパン中央に 60 kN の集中荷重が作用したとする。このとき、以下の問いに答えなさい。ただし、コンクリートのヤング係数 E_c を 20000 N/mm²、曲げひび割れ強度 f_{bc} を 3.0 N/mm² とし、鉄筋のヤング係数 E_s を 200000 N/mm² とする。

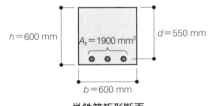

単鉄筋矩形断面

(1) コンクリートの全断面を有効とする断面二次モーメント I_g とひび割れ断面の断面二次モーメント I_{cr} をそれぞれ求めなさい。

(2) 有効断面二次モーメントを用いて、この RC はりのスパン中央のたわみを求めなさい。ただし、有効断面二次モーメントは式 (4.85) を用いて算定しなさい。

(3) このはりにプレストレスを導入して PC はりとしたときの、スパン中央のたわみを求めなさい。

5

軸力と曲げモーメントを受ける RC 柱の力学挙動

　橋脚をはじめとした柱部材は、常時に軸力が作用している状態にあります。そのような柱部材に曲げモーメントが作用した際の断面耐力は、4章で対象としたはり部材とは異なります。本章では、軸力と曲げモーメントを同時に受ける鉄筋コンクリート（以降、RC）柱の力学挙動について解説します。

1 中心軸圧縮力を受ける RC 柱の中心軸圧縮耐力

　RC 柱の断面の図心位置（重心位置）に作用する圧縮力を「中心軸圧縮力」と呼びます。では、中心軸圧縮力を受ける RC 柱はどのような挙動となるでしょうか。RC 柱が中心軸圧縮力により破壊することはほとんどありませんが、RC 構造の破壊現象を理解する上では重要な事項です。
　一般的には、図 5・1 に示すように、部材の長さが比較的長い場合は、圧縮軸の直交方向に変形が生じ、RC 柱全体が折れ曲がる、座屈と呼ばれる挙動が生じます。一方、部材の長さが比較的短く、鉄筋の座屈や部材全体としての座屈が生じない場合であれば、コンクリートに圧壊が生じる

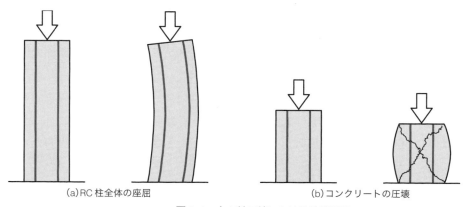

(a) RC 柱全体の座屈　　　　　　　　(b) コンクリートの圧壊

図 5・1　中心軸圧縮における破壊形態

ことで部材として圧縮力を負担できなくなります。このときの軸力を「中心軸圧縮耐力」と呼び、N'_{u0} で表します。ここでは、中心軸圧縮耐力について考えます。

まず、断面における軸力の釣合は、コンクリートの圧縮合力 C'_c と鉄筋の圧縮力 C'_s を用いて、次式のように表せます。

$$N'_{u0} = C'_c + C'_s \tag{5.1}$$

このとき、コンクリートの圧縮合力 C'_c は、コンクリートの圧縮強度 f'_c と断面積 A_c を用いて、以下のように表せます。

$$C'_c = 0.85 f'_c \cdot A_c \tag{5.2}$$

ここで、0.85 は、一軸圧縮供試体から得られた圧縮強度 f'_c と構造体におけるコンクリートの圧縮強度との違いを表す係数であり、4 章で説明した等価応力ブロックにおける係数 0.85 に相当するものです。

また、4 章で説明したように、コンクリートの圧壊は圧縮ひずみが終局ひずみに達したときに生じます。中心軸圧縮力を受ける部材においても平面保持の仮定は成り立ちますので、通常使用する鉄筋（SD345 や SD395）であれば、すでに降伏していることになります。したがって、鉄筋の圧縮力は、鉄筋の降伏強度 f'_y と断面積 A'_s により以下のように表せます。

$$C'_s = A'_s \cdot f'_y \tag{5.3}$$

► **COLUMN：コンクリートの拘束効果**

コンクリートの重要な力学的性質の 1 つに圧縮強度があります。通常、コンクリートの圧縮強度といえば、直径 100 mm × 高さ 200 mm の円柱供試体の一軸圧縮試験から得られる最大荷重を供試体の断面積（およそ 7.85×10^3 mm²）で除した値のことを指します。一方、一軸圧縮試験におけるコンクリートの破壊挙動を見ると、図のように横方向に膨張し、最終的には側面のコンクリートが剥離して壊れます。このとき、横方向に拡がらないように、鉄筋等によって横方向の変形を拘束するとどうなるでしょうか。

横方向の変形が拘束されたコンクリートにおいては、圧縮強度は増大するとともに圧縮強度時のひずみは大きくなり、強度以降の軟化勾配も緩やかになります。この挙動の変化は、拘束力が大きくなればなるほど、より顕著となります。このように横方向が拘束されたコンクリートを「拘束コンクリート」といい、このような挙動の変化を「拘束効果」と呼びます。

らせん鉄筋により補強された RC 柱が中心軸圧縮力を受ける場合、らせん鉄筋より内側のコンクリートは拘束効果により強度や変形性能が増大するため、RC 柱としての中心軸圧縮耐力が増加するとともに、破壊に至るまでの変形も大きくなります。

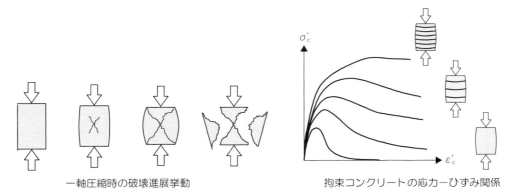

一軸圧縮時の破壊進展挙動　　　　拘束コンクリートの応力－ひずみ関係

式 (5.2)、(5.3) を式 (5.1) に代入することで、以下のように中心軸圧縮耐力 N'_{u0} が得られます。

$$N'_{u0} = 0.85 f'_c \cdot A_c + A'_s \cdot f'_y \tag{5.4}$$

なお、詳細は省きますが、らせん鉄筋により補強された RC 柱においては、拘束効果の影響によりコンクリートの強度が増大するため、式 (5.4) よりも大きな軸圧縮力で破壊することが知られています。

2 偏心軸圧縮力を受ける RC 柱の破壊形態と断面耐力

1 偏心軸圧縮力を受ける RC 柱の破壊形態

図5·2 のように、逆 L 字形の橋脚などでは、柱断面の図心軸から離れた位置に鉛直方向の荷重が作用するため、柱には軸圧縮力の他に付加的な曲げモーメントが作用しています。このように偏心した軸力により柱に作用する曲げモーメントは、偏心量 e と軸力 N' により、次式で求められます。

$$M = N' \cdot e \tag{5.5}$$

なお、偏心量は、荷重の作用軸と部材の図心軸との距離で与えられます。

さて、このように偏心軸圧縮力が作用している場合の RC 柱の破壊形態について考えてみましょう。なお、軸力が作用している場合であっても、4 章で説明した断面計算における重要な仮定は成り立つことに注意してください。

図5·3 は、偏心軸圧縮力が作用している RC 柱の破壊形態を、断面のひずみ分布ならびに応力分布とともに示したものです。図より、偏心量を変化させることで破壊形態が変わることがわかります。

まず、偏心量が小さい場合では、全断面が圧縮された状態のまま破壊します。偏心量を徐々に大きくすると、断面に曲げひび割れが入った状態で破壊します。ただし、引張鉄筋は降伏せずにコンクリートの圧壊が生じます。さらに偏心量を大きくすると、引張鉄筋が降伏するのと同時に

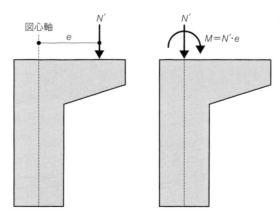

図5·2 偏心軸圧縮力を受ける RC 柱の例

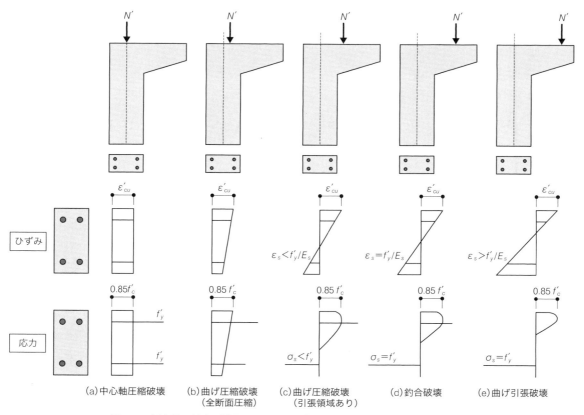

図5·3　偏心軸圧縮力が作用しているRC柱の破壊形態とひずみ、応力の状態

コンクリートが圧壊する破壊形態が表れます。このような破壊形態を「釣合破壊」と呼び、そのときの軸力と曲げモーメントをそれぞれ N'_{ub} および M_{ub} と表し、偏心量を e_b と表します。偏心量がさらに大きくなると、引張鉄筋が降伏してからコンクリートの圧壊が生じます。偏心量が無限大のとき、すなわち軸力の影響がほとんどない場合には、曲げのみによる破壊となります。

さて、以上のように、軸力の偏心距離によって破壊形態が異なることがわかりました。以下では、偏心軸圧縮力が作用した際の断面耐力（軸圧縮耐力および終局曲げモーメント）の算定法について説明します。なお、ここでは、圧縮鉄筋と引張鉄筋がある場合のRC柱について考えます。

2 釣合破壊するRC柱の断面耐力

まず、釣合破壊時の軸力 N'_{ub} と曲げモーメント M_{ub} について考えましょう。4章で対象とした曲げ引張破壊するRCはりと同様に、断面における軸力と曲げモーメントに関する釣合を考えます。断面には、図5·4のようにコンクリートの圧縮合力 C'_c と鉄筋の圧縮力 C'_s および引張力 T_s が作用しています。また、断面に作用する曲げモーメントは式（5.5）のように偏心量を用いて求められるため、次式が得られます。

$$N'_{ub} = C'_c + C'_s - T_s \tag{5.6}$$

$$M_{ub} = N'_{ub} \cdot e = C'_c (y_g - 0.4\,x) + C'_s (y_g - d') + T_s (d - y_g) \tag{5.7}$$

ここで、y_g はひび割れていない断面における図心軸位置であり、式 (4.18) を参考にして圧縮鉄筋を考慮すれば、次式のように求められます。

$$y_g = \frac{b \cdot h \cdot \dfrac{h}{2} + n(A'_s \cdot d' + A_s \cdot d)}{b \cdot h + n(A'_s + A_s)} \tag{5.8}$$

ここで、コンクリートの応力分布には等価応力ブロックを適用し、鉄筋は圧縮鉄筋、引張鉄筋ともに降伏していることを仮定すると、C'_c、C'_s および T_s は次式のようになります。

$$C'_c = 0.68 f'_c \cdot b \cdot x \tag{5.9}$$

$$C'_s = A'_s \cdot f'_y \tag{5.10}$$

$$T_s = A_s \cdot f_y \tag{5.11}$$

式 (5.9)、(5.10)、(5.11) を式 (5.6)、(5.7) に代入することで、次式を得ます。

$$N'_{ub} = 0.68 f'_c \cdot b \cdot x + A'_s \cdot f'_y - A_s \cdot f_y \tag{5.12}$$

$$\begin{aligned} M_{ub} &= N'_{ub} \cdot e \\ &= 0.68 f'_c \cdot b \cdot x (y_g - 0.4x) + A'_s \cdot f'_y (y_g - d') + A_s \cdot f_y (d - y_g) \end{aligned} \tag{5.13}$$

このとき、コンクリートのひずみが終局ひずみに達したと同時に鉄筋が降伏するということですので、平面保持の仮定から、引張鉄筋のひずみ ε_s とコンクリートの終局ひずみ ε'_{cu} には、次の関係が成り立ちます。

$$\varepsilon'_{cu} : x = \varepsilon_y : (d - x) \tag{5.14}$$

式 (5.14) を解くことで、中立軸位置 x ($= x_b$) は以下のように求められます。

$$x_b = \frac{\varepsilon'_{cu}}{\varepsilon'_{cu} + \varepsilon_y} \cdot d \tag{5.15}$$

ここで、式 (5.15) を式 (5.12)、(5.13) に代入することで、軸圧縮耐力 N'_{ub} および終局曲げモーメント M_{ub} が得られます。また、このときの偏心量 e_b は、次式で求められます。

$$e_b = \frac{M_{ub}}{N_{ub}} \tag{5.16}$$

なお、上記の説明では圧縮鉄筋が降伏することを仮定していますので、得られた結果（中立軸位置など）を用いて、仮定が正しいかどうかを確認する必要があります。

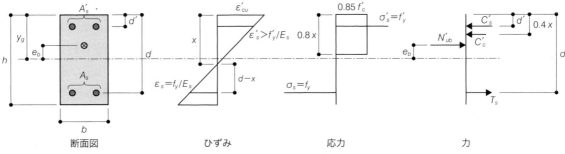

図 5・4　釣合破壊する RC 柱の破壊時のひずみ、応力、力の状態

例題1

図に示す断面を有する逆L字形のRC柱に偏心軸圧縮力が作用するとき、釣合破壊が生じる偏心量e_bを求めなさい。ただし、コンクリートのヤング係数E_cを25000 N/mm²、コンクリートの圧縮強度f'_cを25 N/mm²、鉄筋のヤング係数E_sを200000 N/mm²、鉄筋の降伏強度f_yおよびf'_yを350 N/mm²とします。また、コンクリートの終局ひずみε'_{cu}を0.0035とします。

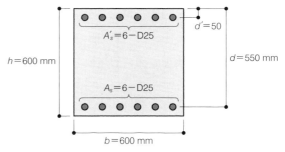

複鉄筋矩形断面

解答

図より断面の高さは$h=600$ mm、断面の幅は$b=600$ mm、鉄筋は圧縮、引張ともにD25が6本なので、それぞれ断面積は$A_s=A'_s=3040$ mm²、鉄筋の重心位置までの距離は$d=550$ mmおよび$d'=50$ mmです。

ひび割れていない断面の図心軸y_gを式 (5.8) を用いて求めます。

$$y_g = \frac{600 \cdot 600 \cdot \frac{600}{2} + 8 \cdot (3040 \cdot 550 + 3040 \cdot 50)}{600 \cdot 600 + 8 \cdot (3040 + 3040)} = 300 \text{ mm}$$

鉄筋の降伏ひずみは$\varepsilon_s = f_y / E_s = 350/200000 = 0.00175$であるため、式 (5.15) より釣合破壊時の中立軸位置x_bを求めることができます。

$$x_b = \frac{\varepsilon'_{cu}}{\varepsilon'_{cu} + \varepsilon_y} \cdot d = \frac{0.0035}{0.0035 + 0.00175} \cdot 550 = 367 \text{ mm}$$

このとき、圧縮鉄筋のひずみは、次式により求められます。

$$\varepsilon'_s = \frac{x_b - d'}{x_b} \cdot \varepsilon'_{cu} = \frac{367 - 50}{367} \cdot 0.0035 = 3.02 \times 10^{-3} > 0.00175$$

→ 圧縮鉄筋は降伏している。

したがって、中立軸位置x_bを式 (5.12)、(5.13) に代入することで、軸圧縮耐力N'_{ub}および終局曲げモーメントM_{ub}が得られます。

$$N'_{ub} = 0.68 f'_c \cdot b \cdot x_b + A'_s \cdot f'_y - A_s \cdot f_y$$
$$= 0.68 \cdot 25 \cdot 600 \cdot 367 + 3040 \cdot 350 - 3040 \cdot 350 = 3.74 \times 10^6 \text{ N} = 3740 \text{ kN}$$

また、中立軸まわりの曲げモーメントは、

$$M_{ub} = N'_{ub} \cdot e = 0.68 f'_c \cdot b \cdot x_b (y_g - 0.4 x_b) + A'_s \cdot f'_y (y_g - d') + A_s \cdot f_y (d - y_g)$$
$$= 0.68 \cdot 25 \cdot 600 \cdot 367 \cdot (300 - 0.4 \cdot 367) + 3040 \cdot 350 \cdot (300 - 50) + 3040 \cdot 350 \cdot (550 - 300)$$
$$= 1.11 \times 10^9 \text{ N} \cdot \text{mm} = 1110 \text{ kN} \cdot \text{m}$$

したがって、偏心量は以下のように求められます。

$$e_b = \frac{M_{ub}}{N_{ub}} = \frac{1.11 \times 10^9}{3.74 \times 10^6} = 297 \text{ mm}$$

3 曲げ引張破壊するRC柱の断面耐力（圧縮鉄筋、引張鉄筋がともに降伏する場合）

次に、破壊時に引張鉄筋が降伏する場合、すなわち曲げ引張破壊するRC柱の断面耐力について考えましょう。ここでは、偏心量 e が与えられた場合を考えます。本章1節で説明したように、このときの偏心量は、式（5.16）で求められる偏心量 e_b よりも大きくなります。

図5·5のように、コンクリートの応力分布には等価応力ブロックを適用し、鉄筋は降伏していることを考慮すると、断面における軸力と曲げモーメントに関する釣合条件から、以下の式が得られます。

$$N'_u = 0.68 f'_c \cdot b \cdot x + A'_s \cdot f'_y - A_s \cdot f_y \tag{5.17}$$

$$\begin{aligned} M_u &= N'_u \cdot e \\ &= 0.68 f'_c \cdot b \cdot x (y_g - 0.4 x) + A'_s \cdot f'_y (y_g - d') + A_s \cdot f_y (d - y_g) \end{aligned} \tag{5.18}$$

ここで、y_g はひび割れていない断面における図心軸であり、式（5.8）により求められます。式（5.17）、（5.18）においては、軸力 N'_u と中立軸位置 x が未知量ですので、両式を連立する必要があります。ここで、式（5.17）を式（5.18）に代入して整理することで、中立軸位置 x に関する以下の二次方程式が得られます。

$$0.68 \cdot 0.4 f'_c \cdot b \cdot x^2 + 0.68 f'_c \cdot b (e - y_g) x + A'_s \cdot f'_y (e - y_g + d') - A_s \cdot f_y (e + d - y_g) = 0 \tag{5.19}$$

式（5.19）を解くことにより、中立軸位置 x が求められます。また、x を式（5.17）、（5.18）に代入することで、軸圧縮耐力 N'_u および終局曲げモーメント M_u を得ることができます。

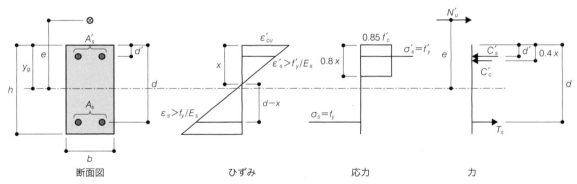

図5·5　曲げ引張破壊するRC柱の破壊時のひずみ、応力、力の状態

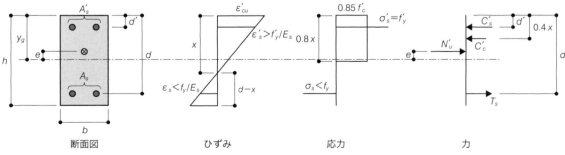

図5·6　曲げ圧縮破壊するRC柱の破壊時のひずみ、応力、力の状態

4 曲げ圧縮破壊するRC柱の断面耐力（圧縮鉄筋は降伏し、引張鉄筋は降伏しない場合）

次に、破壊時に引張鉄筋が降伏しない場合、すなわち曲げ圧縮破壊するRC柱の断面耐力について考えましょう。ここでも、先ほどと同様に偏心量 e が与えられた場合を考えます。このときの偏心量は、式（5.16）で求められる偏心量 e_b よりも小さくなります。

図5・6のように、コンクリートの応力分布には等価応力ブロックを適用し、圧縮鉄筋は降伏しており、引張鉄筋は降伏していないことを考慮すると、断面における軸力と曲げモーメントに関する釣合条件から、次の式が得られます。

$$N'_u = 0.68 f'_c \cdot b \cdot x + A'_s \cdot f'_y - A_s \cdot E_s \cdot \varepsilon_s \tag{5.20}$$

$$\begin{aligned} M_u &= N'_u \cdot e \\ &= 0.68 f'_c \cdot b \cdot x (y_g - 0.4x) + A'_s \cdot f'_y (y_g - d') + A_s \cdot E_s \cdot \varepsilon_s (d - y_g) \end{aligned} \tag{5.21}$$

ここで、y_g はひび割れていない断面における図心軸であり、式（5.8）により求められます。

平面保持の仮定を考慮すれば、引張鉄筋のひずみ ε_s はコンクリートの終局ひずみ ε'_{cu} を用いて以下のように表されます。

$$\varepsilon_s = \frac{d-x}{x} \cdot \varepsilon'_{cu} \tag{5.22}$$

式（5.22）を式（5.20）および式（5.21）に代入し、2つの式を連立すると中立軸位置 x に関する以下の三次方程式が得られます。

$$0.68 \cdot 0.4 f'_c \cdot b \cdot x^3 + 0.68 f'_c \cdot b (e - y_g) x^2 \\ + \{A'_s \cdot f'_y (e - y_g + d') + A_s \cdot E_s \cdot \varepsilon'_{cu} (e + d - y_g)\} x - A_s \cdot E_s \cdot \varepsilon'_{cu} \cdot d (e + d - y_g) = 0 \tag{5.23}$$

この式を解くことにより、軸圧縮耐力 N'_u および終局曲げモーメント M_u を得ることができます。

例題2

例題1で対象としたRC柱において、図心から500 mmの位置に偏心軸力が作用しているとき、この柱の終局曲げモーメントを求めなさい。

[解 答]

偏心距離が釣合破壊時の偏心距離よりも大きいので、式（5.19）を用いて中立軸位置 x を求めます。

$$0.68 \cdot 0.4 \cdot 25 \cdot 600 \cdot x^2 + 0.68 \cdot 25 \cdot 600 (500 - 300) x \\ + 3040 \cdot 350 (500 - 300 + 50) - 3040 \cdot 350 (500 + 550 - 300) = 0 \rightarrow x = 189 \text{ mm}$$

このとき、圧縮鉄筋のひずみ ε'_s は、次のように求められます。

$$\varepsilon'_s = \frac{189 - 50}{189} \cdot 0.0035 = 2.57 \times 10^{-3} > 0.00175 \rightarrow \text{圧縮鉄筋は降伏している。}$$

したがって、中立軸位置 x を式（5.17）、（5.18）に代入することで、軸圧縮耐力 N'_u および終局曲げモーメント M_u が得られます。

$$\begin{aligned} N'_u &= 0.68 f'_c \cdot b \cdot x + A'_s \cdot f'_y - A_s \cdot f_y \\ &= 0.68 \cdot 25 \cdot 600 \cdot 189 + 3040 \cdot 350 - 3040 \cdot 350 = 1.93 \times 10^6 \text{ N} = 1930 \text{ kN} \end{aligned}$$

$$M_u = N'_u \cdot e = 1.93 \times 10^6 \cdot 500 = 9.65 \times 10^8 \, \text{N·mm} = 965 \, \text{kN·m}$$

例題 3

例題 1 で対象とした RC 柱において、図心から 200 mm の位置に偏心軸力が作用しているとき、この柱の終局曲げモーメントを求めなさい。

[解答]

偏心距離が釣合破壊時の偏心距離よりも小さいので、式 (5.23) を用いて中立軸位置 x を求めます。

$$0.68 \cdot 0.4 \cdot 25 \cdot 600 \cdot x^3 + 0.68 \cdot 25 \cdot 600 (200 - 300) x^2$$
$$+ \{3040 \cdot 350 (200 - 300 + 50) + 3040 \cdot 200000 \cdot 0.0035 (200 + 550 - 300)\} x$$
$$- 3040 \cdot 200000 \cdot 0.0035 \cdot 550 (200 + 550 - 300) = 0$$
$$\rightarrow \quad x = 431 \, \text{mm}$$

このとき、圧縮鉄筋のひずみ ε'_s は、次のように求められます。

$$\varepsilon'_s = \frac{431 - 50}{431} \cdot 0.0035 = 3.09 \times 10^{-3} > 0.00175 \quad \rightarrow \quad \text{圧縮鉄筋は降伏している。}$$

したがって、中立軸位置 x を式 (5.20)、(5.21) に代入することで、軸圧縮耐力 N'_u および終局曲げモーメント M_u が得られます。

$$N'_u = 0.68 f'_c \cdot b \cdot x + A'_s \cdot f'_y - A_s \cdot E_s \cdot \varepsilon_s$$
$$= 0.68 \cdot 25 \cdot 600 \cdot 431 + 3040 \cdot 350 - 3040 \cdot 200000 \cdot \frac{550 - 431}{431} \cdot 0.0035$$
$$= 4.87 \times 10^6 \, \text{N} = 4870 \, \text{kN}$$
$$M_u = N'_u \cdot e = 4.87 \times 10^6 \cdot 200 = 9.74 \times 10^8 \, \text{N·mm} = 974 \, \text{kN·m}$$

3 一定軸圧縮力作用下における終局曲げモーメント

前節では、偏心軸圧縮力が作用する際の RC 柱の断面耐力について考えました。では、図 5·7 のような T 字形橋脚に一定軸圧縮力が作用する場合の終局曲げモーメントは、どのように考えればよいでしょうか。ここでは、一定軸圧縮力作用下における終局曲げモーメントの算定方法について説明します。なお、説明を簡略にするため、破壊時に圧縮鉄筋と引張鉄筋がともに降伏している場合についてのみ考えます。

コンクリートの応力分布には等価応力ブロックを適用し、鉄筋が降伏していることを考慮すると、断面における軸力と曲げモーメントに関する釣合条件から、以下の式が得られます。

$$N' = 0.68 f'_c \cdot b \cdot x + A'_s \cdot f'_y - A_s \cdot f_y \tag{5.24}$$
$$M_u = 0.68 f'_c \cdot b \cdot x (y_g - 0.4 x) + A'_s \cdot f'_y (y_g - d') + A_s \cdot f_y (d - y_g) \tag{5.25}$$

ここで、y_g は式 (5.8) により求められる図心軸位置です。式 (5.24)、(5.25) においては、曲げモーメント M_u と中立軸位置 x が未知量です。

中立軸位置 x は、式 (5.24) から次式のように表されます。

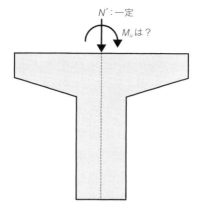

図5・7 一定軸圧縮力を受けるRC柱の例

$$x = \frac{N' - A'_s \cdot f_y + A_s \cdot f_y}{0.68 f'_c \cdot b} \tag{5.26}$$

得られた中立軸位置 x を式（5.25）に代入することで、終局曲げモーメント M_u が得られます。なお、引張鉄筋が降伏しない場合については、前節4項と同様に考えることで中立軸位置 x に関する以下の二次方程式が得られます。

$$0.68 f'_c \cdot b \cdot x^2 + (A'_s \cdot f_y + A_s \cdot E_s \cdot \varepsilon'_{cu} - N') x - A_s \cdot E_s \cdot \varepsilon'_{cu} \cdot d = 0 \tag{5.27}$$

式（5.27）を解くことで中立軸位置 x が求められます。また、このときの終局曲げモーメント M_u は、次式により求められます。

$$M_u = 0.68 f'_c \cdot b \cdot x (y_g - 0.4 x) + A'_s \cdot f_y (y_g - d') + A_s \cdot E_s \cdot \varepsilon_s (d - y_g) \tag{5.28}$$

例題 4

例題1で対象としたRC柱において、図心軸上に一定軸力として 1500 kN の軸圧縮力が作用しているとき、この柱の終局曲げモーメントを求めなさい。

解 答

圧縮鉄筋、引張鉄筋がともに降伏していると仮定して、式（5.26）により中立軸位置 x を求めます。

$$x = \frac{1.5 \times 10^6 - 3040 \cdot 350 + 3040 \cdot 350}{0.68 \cdot 25 \cdot 600} = 147 \text{ mm}$$

このとき、圧縮鉄筋、引張鉄筋のひずみは、

$$\varepsilon'_s = \frac{147 - 50}{147} \cdot 0.0035 = 2.31 \times 10^{-3} > 0.00175 \quad \rightarrow \quad \text{圧縮鉄筋は降伏している}$$

$$\varepsilon_s = \frac{550 - 147}{147} \cdot 0.0035 = 9.60 \times 10^{-3} > 0.00175 \quad \rightarrow \quad \text{引張鉄筋は降伏している}$$

圧縮鉄筋、引張鉄筋ともに降伏しているので仮定は正しいといえます。したがって、中立軸位置 x を式（5.25）に代入することで、終局曲げモーメント M_u が得られます。

$$M_u = 0.68 \cdot 25 \cdot 600 \cdot 147(300 - 0.4 \cdot 147) + 3040 \cdot 350(300 - 50) + 3040 \cdot 350(550 - 300)$$
$$= 8.94 \times 10^8 \text{ N} \cdot \text{mm} = 894 \text{ kN} \cdot \text{m}$$

例題 5

例題 1 で対象とした RC 柱において、図心軸上に一定軸力として 4000 kN の軸圧縮力が作用しているとき、この柱の終局曲げモーメントを求めなさい。

解 答

圧縮鉄筋、引張鉄筋がともに降伏していると仮定して、式 (5.26) により中立軸位置 x を求めます。

$$x = \frac{4.0 \times 10^6 - 3040 \cdot 350 + 3040 \cdot 350}{0.68 \cdot 25 \cdot 600} = 392 \text{ mm}$$

このとき、圧縮鉄筋、引張鉄筋のひずみは、

$$\varepsilon'_s = \frac{392 - 50}{392} \cdot 0.0035 = 3.05 \times 10^{-3} > 0.00175 \quad \rightarrow \quad \text{圧縮鉄筋は降伏している}$$

$$\varepsilon_s = \frac{550 - 392}{392} \cdot 0.0035 = 1.41 \times 10^{-3} < 0.00175 \quad \rightarrow \quad \text{引張鉄筋は降伏していない}$$

圧縮鉄筋は降伏し、引張鉄筋は降伏していないため上記の仮定は誤っていることになります。そこで、圧縮鉄筋は降伏し、引張鉄筋は降伏していないと仮定し、式 (5.27) を解くことで中立軸位置 x を求めます。

$$0.68 f'_c \cdot b \cdot x^2 + (A'_s \cdot f'_y + A_s \cdot E_s \cdot \varepsilon'_{cu} - N')x - A_s \cdot E_s \cdot \varepsilon'_{cu} \cdot d = 0$$
$$0.68 \cdot 25 \cdot 600 \cdot x^2 + (3040 \cdot 350 + 3040 \cdot 200000 \cdot 0.0035 - 4.0 \times 10^6)x$$
$$- 3040 \cdot 200000 \cdot 0.0035 \cdot 550 = 0$$
$$\rightarrow \quad x = 381 \text{ mm}$$

このとき、圧縮鉄筋、引張鉄筋のひずみは、

$$\varepsilon'_s = \frac{381 - 50}{381} \cdot 0.0035 = 3.04 \times 10^{-3} > 0.00175 \quad \rightarrow \quad \text{圧縮鉄筋は降伏している}$$

$$\varepsilon_s = \frac{550 - 381}{381} \cdot 0.0035 = 1.55 \times 10^{-3} < 0.00175 \quad \rightarrow \quad \text{引張鉄筋は降伏していない}$$

圧縮鉄筋は降伏し、引張鉄筋は降伏していないので仮定は正しいといえます。したがって、中立軸位置 x を式 (5.28) に代入することで、終局曲げモーメント M_u が得られます。

$$M_u = 0.68 \cdot 25 \cdot 600 \cdot 381(300 - 0.4 \cdot 381) + 3040 \cdot 350(300 - 50)$$
$$+ 3040 \cdot 200000 \cdot 0.00155(550 - 300)$$
$$= 1.08 \times 10^9 \text{ N} \cdot \text{mm} = 1080 \text{ kN} \cdot \text{m}$$

4 軸力と曲げモーメントの相互作用曲線と破壊形態

ここでは、軸力と曲げモーメントが同時に作用した場合のRC部材の断面耐力について、もう少し違った角度から見てみましょう。横軸を曲げモーメントM、縦軸を軸力N'とするグラフに対して、終局曲げモーメントと軸圧縮耐力の組合せを図示すると、図5・8のような曲線が得られます。このような曲線を「相互作用曲線」と呼びます。

相互作用曲線は終局曲げモーメントおよび軸圧縮耐力を表していますので、任意の大きさの軸圧縮力と曲げモーメントの組合せを考えた場合、その点が曲線より内側に位置している場合は、破壊以前の状態であると考えられます。また、軸圧縮力と曲げモーメントの組合せの点が曲線に達すると部材は破壊するため、曲線より外側に位置するような組合せは存在しないことになります。

本章2節で説明した偏心軸圧縮力が作用する場合では、軸力N'と曲げモーメントMは式(5.5)に示すような比例関係にありました。したがって、偏心量eの逆数である$1/e = N'/M$は、図5・8における直線の傾きになることがわかります。すなわち、偏心量が与えられたときの軸力N'と曲げモーメントMは、この直線上に位置することになり、終局曲げモーメント(あるいは軸圧縮耐力)は直線と相互作用曲線との交点で与えられることになります。

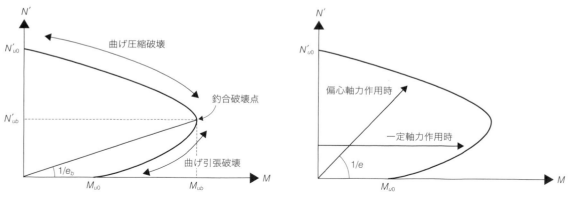

図5・8 軸力と曲げモーメントの相互作用曲線

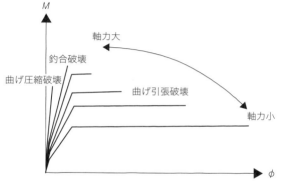

図5・9 軸力が作用するRC柱の曲げモーメント－曲率関係の概要

図において、終局曲げモーメントが最大となる点は、釣合破壊点となります。偏心量 e が e_b より大きければ直線の傾きは小さくなり、曲げ引張が卓越する破壊形態になり、偏心量 e が e_b より小さければ直線の傾きは大きくなり、軸圧縮が卓越する破壊形態になることがわかります。

また、本章 3 節で説明した一定軸圧縮力が作用する場合では、軸圧縮力が一定で曲げモーメントのみが大きくなることから、図に示すように、横軸に平行な直線が相互作用曲線と交差した点が終局曲げモーメントになります。

また、本章 2 節では詳細な説明は省略しましたが、終局曲げモーメントの算定時には断面内のひずみ分布が得られるため、曲げ終局時の曲率についても求めることができます。図 5・9 に軸力が作用する RC 柱の曲げモーメント－曲率関係の概形を示しますが、軸力が大きくなるにつれて曲げ終局時の曲率は小さくなることがわかります。また、これまでの説明からわかるように、釣合破壊時に終局曲げモーメントは最大となります。設計においては、十分なじん性率を確保するために、軸圧縮力の大きさに制限が設けられています。

例題 6
例題 1 ～ 5 で対象とした RC 柱の軸力と曲げモーメントの相互作用曲線を求めなさい。

[解答]

中心軸圧縮耐力 N'_{u0} は、式 (5.4) を用いて求められます。

$$N'_{u0} = 0.85 f'_c \cdot A_c + A'_s \cdot f_y = 0.85 \cdot 25 \cdot 360000 + 6080 \cdot 350 = 9.78 \times 10^6 \text{ N} = 9780 \text{ kN}$$

釣合破壊時の軸圧縮耐力 N'_{ub} と終局曲げモーメント M_{ub} は、例題 1 より以下のとおりです。

$$N'_{ub} = 3740 \text{ kN}$$

$$M_{ub} = 1110 \text{ kN} \cdot \text{m}$$

曲げのみが作用する場合の終局曲げモーメントは、4 章例題 5 を参考として解くことができます。圧縮鉄筋が降伏していないと仮定して軸力の釣合を考えることで、以下に示す中立軸位置 x に関する二次方程式が得られます。

$$0.68 f'_c \cdot b \cdot x^2 + (A'_s \cdot E_s \cdot \varepsilon'_{cu} - A_s \cdot f_y) x - A'_s \cdot E_s \cdot \varepsilon'_{cu} \cdot d' = 0$$

$$\rightarrow \quad 0.68 \cdot 25 \cdot 600 \cdot x^2 + (3040 \cdot 200000 \cdot 0.0035 - 3040 \cdot 350) x$$
$$\quad - 3040 \cdot 200000 \cdot 0.0035 \cdot 50 = 0$$

$$\rightarrow \quad x = 62.5 \text{ mm}$$

ここで、圧縮鉄筋が降伏していないことを確認します。

$$\varepsilon'_s = \frac{62.5 - 50}{62.5} \cdot 0.0035 = 7.00 \times 10^{-4} < 0.00175 \quad \rightarrow \quad \text{圧縮鉄筋は降伏していない}$$

圧縮鉄筋は降伏していないので仮定は正しいといえます。したがって、コンクリートの圧縮合力まわりの曲げモーメントの釣合を考えることで、終局曲げモーメント M_{u0} が得られます。

$$M_{u0} = -A'_s \cdot E_s \cdot \varepsilon'_s (d' - 0.4 x) + A_s \cdot f_y (d - 0.4 x)$$
$$= -3040 \cdot 200000 \cdot 7.00 \times 10^{-4} \cdot (50 - 0.4 \cdot 62.5) + 3040 \cdot 350 \cdot (550 - 0.4 \cdot 62.5)$$
$$= 5.48 \times 10^8 \text{ N} \cdot \text{mm} = 548 \text{ kN} \cdot \text{m}$$

また、例題2〜5の結果を用いれば、以下の軸圧縮耐力と終局曲げモーメントの組合せが得られます。

$N_u = 1930$ kN、$M_u = 965$ kN·m（例題2より）
$N_u = 4870$ kN、$M_u = 974$ kN·m（例題3より）
$N_u = 1500$ kN、$M_u = 894$ kN·m（例題4より）
$N_u = 4000$ kN、$M_u = 1080$ kN·m（例題5より）

これらの点を直線で結ぶことで図のような相互作用曲線が得られます。

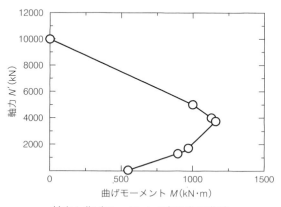

軸力と曲げモーメントの相互作用曲線

■ **演習問題 5-1** ■ 図に示す矩形断面を有するRC柱について、以下の問いに答えなさい。ただし、コンクリートの圧縮強度 f'_c を 24 N/mm²、曲げひび割れ強度 f_b を 4.0 N/mm²、ヤング係数 E_c を 25000 N/mm² とし、鉄筋の降伏強度 f_y および f'_y を 300 N/mm²、ヤング係数 E_s を 200000 N/mm² とする。また、コンクリートの終局ひずみ ε'_{cu} は 0.0035 とする。

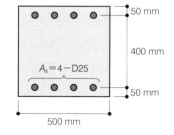

複鉄筋矩形断面

(1) 中心軸圧縮耐力 N'_{u0} を求めなさい。
(2) 軸力が作用していない場合の終局曲げモーメント M_{u0} を求めなさい。
(3) 釣合破壊時の軸圧縮耐力と終局曲げモーメントを求めなさい。
(4) 軸力と曲げモーメントの相互作用曲線を描きなさい。

■ **演習問題 5-2** ■ 図に示す逆L字形RC橋脚が演習問題5-1の断面を有するとき、以下の問いに答えなさい。
(1) 鉛直荷重 P_2 のみが増加する場合、このRC橋脚を曲げ引張破壊させるための条件を述べなさい。ただし、水平荷重 P_1 は 0 とする。

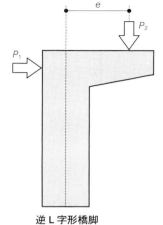

逆L字形橋脚

(2) 一定の鉛直荷重 P_2 が作用した状態において、水平荷重 P_1 を増加させる場合、この RC 橋脚が曲げ引張破壊するための鉛直荷重 P_2 の条件を答えなさい。

▰ **演習問題 5-3** ▰ 図に示す T 形 RC 橋脚が演習問題 5-1 の断面を有するとき、以下の問いに答えなさい。

(1) 橋脚の図心軸上に質量 $m = 1.0 \times 10^5$ kg の物体が固定されているものとする。この物体の中心（基部からの高さ 3000 mm）に対して水平方向の荷重 P_1 を作用させた場合、この RC 橋脚が曲げ破壊するときの荷重 $P_{1\max}$ を求めなさい。ただし、重力加速度 g は 9.8 m/sec² とし、橋脚の自重は無視すること。

(2) この RC 橋脚が地震動を受けるとき、重力加速度に対して何倍の水平加速度で破壊するかを求めなさい。

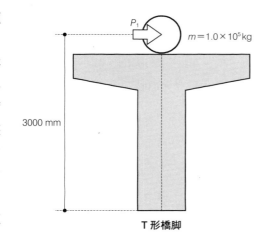

T 形橋脚

6 せん断力を受ける RC はりの力学挙動

1 RC はりの破壊形態とせん断応力度

1 ひび割れの進行と部材の変形

鉄筋コンクリート（以降、RC）部材の設計では、一般に、曲げモーメントに抵抗するように構造部材の断面の寸法や鉄筋の量、配置を決定していきます。より大きな曲げに対する抵抗を考えようとすると、これから説明する RC 部材のせん断に対する配慮が必要となってきます。ここで、RC 部材のせん断破壊は非常に急激に生じるため、せん断に対する耐力は曲げに対する耐力より

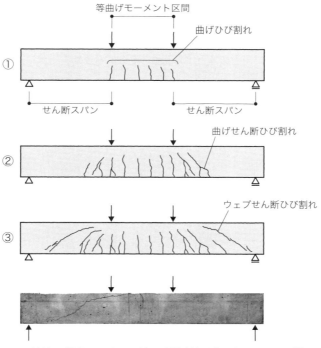

図 6・1　ひび割れの進行のしくみと斜め引張破壊が生じた RC はりの様子

も十分に大きくしておく必要があります（コラム「脆性的な破壊とは？」参照）。以下ではせん断力を受けるRC部材、特にRCはりの変形と破壊について見ていきます。

鉛直方向の集中荷重を受けるRCはりでは、この荷重がある値を超えると、最大の曲げ引張応力が生じる位置のコンクリートにおいてひび割れが発生します。長方形断面の部材では、4章で説明したように、最大曲げモーメントが生じる位置において曲げひび割れが発生します。この曲げひび割れが生じる段階くらいまでは、曲げを受ける部材の変形とこれから説明するせん断力を受ける部材の変形とはほぼ同様ですが、その後のひび割れの発生箇所やプロセス等に違いがあります。さらに、RCはりが受け持つことのできる最大の荷重（耐荷力）が作用するときの状態を「破壊」と定義すると、その破壊の様子は曲げ破壊とは大きく異なります。

図6・1はRCはりに作用する荷重が大きくなるにつれて、ひび割れがどのような順序で生じるかを示した図です。この図を見ると、まず曲げモーメントが最も大きくなる等曲げモーメント区間（集中荷重を受ける単純支持はりでは荷重点と荷重点の間の区間）において、曲げ引張側の断面下端に曲げひび割れが生じます（図6・1中の①の状態）。その後、荷重の増加に伴って、せん断スパン（せん断力が一定となる支点と荷重点の間の区間、図6・1参照）において載荷点に向かうような方向に斜めひび割れが生じます（②の状態）。最終的には、せん断スパンにおいて支点と載荷点をつなぐような位置に生じた斜めひび割れが大きく開くことによって破壊します（③の状態）。

▶ COLUMN：脆性的な破壊とは？

国語辞典を見ると、脆性とは「もろさ」を意味し、「外力による変形が小さいうちに破壊する性質」とあります。また、脆性破壊とは「材料が変形しないままで、急激な割れの進行のために破壊する現象」と説明されています。

RC部材におけるせん断破壊も脆性破壊に区分することができます。つまり、ある荷重を受ける際、主にコンクリートが引張破壊もしくは圧縮破壊を示すことで、部材がそれ以上の荷重に耐えることができなくなり、最大荷重（耐荷力）に至った後すぐに荷重が低下してしまいます。ただし、最大耐力到達後の荷重の低下の様子（「ポストピーク挙動」と呼ばれています）はさまざまであり、一般に、コンクリートの引張破壊を要因として部材が破壊する場合には、圧縮破壊を要因とする場合よりも脆性的な挙動を示します。

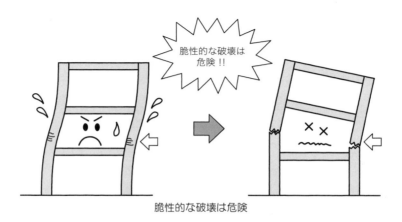

脆性的な破壊は危険

ここで、斜めひび割れ（せん断ひび割れ）には、曲げひび割れが載荷に伴ってウェブ中央付近から傾斜して進展する「曲げせん断ひび割れ（Flexure-Shear Crack）」とウェブ中央から上下方向に進展する「ウェブせん断ひび割れ（Web-Shear Crack）」の2種類があります。

　以上のようなRCはりの破壊は、せん断破壊の一例です。RCはりのせん断破壊は、部材に作用する荷重条件のほか、断面形状・寸法、用いられる材料の特性等によってさまざまな様相を示しますが、詳細は後で説明します。

　図6・1中の写真はRCはりが斜め引張破壊したときの様子です。支点付近と載荷点をつなぐように、斜めひび割れが生じていることがわかります。また、ひび割れの進行のしくみとあわせて見ると、高さ中央の中立軸の位置において、載荷点付近の斜めひび割れは部材軸方向となす角度が45度程度であり、支点に近い区間に生じた斜めひび割れは角度がより小さいことがわかります。

　2章で解説したように、荷重を受けるはり部材に生じる曲げモーメントとせん断力はそれぞれ独立して求めることができます。しかし実際の部材では、それらの内力は同時に生じています。これまで見てきた集中荷重を受けるはり部材の場合、曲げモーメント図とせん断力図からわかるように、せん断スパン a はせん断力が一定の区間であり、さらに $M_{max} = V_{max} \cdot a$（2章では、せん断力を S と表記しましたが、RCの分野では、慣例的にせん断力を V と表記します）となるので、a は曲げモーメントとせん断力の比を表していることがわかります。

$$\text{せん断スパン } a = \frac{\text{最大曲げモーメント } M_{max}}{\text{最大せん断力 } V_{max}} \tag{6.1}$$

　なお、式（6.1）は、等分布荷重を受けるはり部材においても用いることができます。また、この値が異なるRCはりでは破壊形態も異なることがわかっており、特に、せん断スパン a を有効高さ d で除した「せん断スパン有効高さ比（単に、せん断スパン比ともいいます）a/d」を用いて、せん断破壊の特徴を分類することができます。せん断破壊の分類については、後ほど詳しく説明します。

2 せん断応力度の算定

　ひび割れ発生前のRCはりは、弾性体と仮定することができます。このとき、せん断力を受けるRCはりにおいては、はり断面に鉛直な方向にせん断応力が生じています。このせん断応力度は2章式（2.24）で求めることができます。

　一方、ひび割れが生じたRCはりでは、中立軸より下のコンクリートの引張抵抗を無視すると仮定してコンクリートのせん断応力度を求めます。コンクリート構造物の設計においてこれまで広く用いられてきた許容応力度設計法では、後者のせん断応力度の最大値を用いて断面を照査します。以下ではその算定方法を説明します。

　式（2.24）を参考にして、中立軸から距離 y 離れた位置におけるせん断応力度 τ_y は、以下の式で求めることができます。

$$\tau_y = \frac{V \cdot G_y}{b_w \cdot I_i} \tag{6.2}$$

V：せん断力（N）

G_y：中立軸から距離 y の位置より上部または下部の領域の中立軸に関する断面1次モーメント（mm³）

I_i：中立軸に関する換算断面2次モーメント（mm⁴）

b_w：断面幅（mm）

　式（6.2）を図示すると、図6・2のようになります。この図を見れば、せん断応力度は中立軸の位置で最大値を示していることがわかります。したがって、矩形断面であれば中立軸の位置における断面の幅つまりウェブ幅 b_w を用いて最大せん断応力度を算出します。一方、T形断面では、図6・3のように中立軸の位置によらずウェブ位置において最大となるので、フランジ幅 b_f ではなく、やはりウェブ幅 b_w を用いることになります。

$$\tau_{\max} = \frac{V \cdot G_0}{b_w \cdot I_i} \tag{6.3}$$

G_0：中立軸位置より上部の圧縮領域の中立軸に関する断面1次モーメント（mm⁴）

　このとき、圧縮合力の作用位置と引張鉄筋の中心位置との距離、つまりアーム長を z（$= j \cdot d$）とすると、圧縮合力 C' は $M = C' \cdot z$ の式で表すことができ、また、

$$C' = \int_0^x b_w \cdot \sigma_c\, dy = \int_0^x b_w \cdot \frac{M}{I_i} \cdot y\, dy = \frac{M}{I_i} \cdot \int_0^x b_w \cdot y\, dy = \frac{M}{I_i} \cdot G_0 \tag{6.4}$$

と表すこともできます。$G_0/I_i = C'/M = 1/z$ となることから、最大せん断応力度は、以下の式で

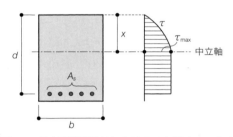

図6.2　長方形断面はりにおけるせん断応力の分布

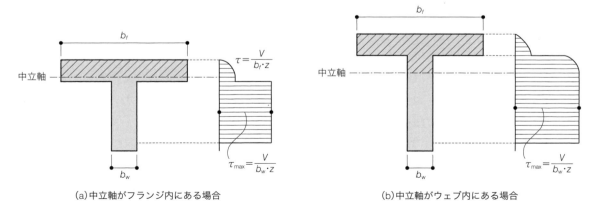

(a) 中立軸がフランジ内にある場合　　　　　　(b) 中立軸がウェブ内にある場合

図6.3　T形断面はりにおけるせん断応力の分布

求めることができます。

$$\tau_{max} = \frac{V}{b_w \cdot z} = \frac{V}{b_w \cdot j \cdot d} \tag{6.5}$$

$j = 1/1.15 = 0.870$

d：有効高さ

以上のようにして求めたせん断応力 τ と直応力 σ を用いて、部材内に生じる直応力の最大値・最小値とその方向を計算することができます。この最大と最小の直応力を「主応力」といいます。最大主応力度 σ_1、最小主応力度 σ_2 ならびにその角度 θ は以下の式により求めることができます。

$$\sigma_1 = \frac{1}{2}(\sigma + \sqrt{\sigma^2 + 4\tau^2}) \tag{6.6}$$

$$\sigma_2 = \frac{1}{2}(\sigma - \sqrt{\sigma^2 + 4\tau^2}) \tag{6.7}$$

$$\theta = \frac{1}{2}\tan^{-1}\left(\frac{2\tau}{\sigma}\right) \tag{6.8}$$

このうち、最大主応力を用いると、引張に弱いコンクリートにおいて、どの位置に、どのような方向にひび割れが生じるかを知ることができます。なお、中立軸位置における最大主応力度は、その位置で直応力 σ が 0 となるため、せん断応力度の値と等しくなることがわかります。主応力については、次の節で詳しく説明します。

例題 1

分布荷重を受ける RC はりの A－A 断面における最大せん断応力度を求めなさい。ただし、中立軸以下のコンクリートの引張抵抗は無視することとします。

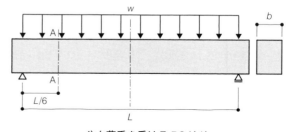

分布荷重を受ける RC はり

解 答

分布荷重を受けるはりのせん断力の分布は、支点で最大（$+wL/2$）・最小（$-wL/2$）となり、スパン中央において 0 となるような線形分布となります。

そこで、A－A 断面におけるせん断力 V_A は、

$$V_A = \frac{w \cdot L}{2} \cdot \frac{2}{3} = \frac{w \cdot L}{3}$$

となることから、式（6.5）を用いると、最大せん断応力度は、

$$\tau_{max} = \frac{V_A}{b_w \cdot j \cdot d} = \frac{\frac{w \cdot L}{3}}{0.870\, b \cdot d} = \frac{w \cdot L}{2.61\, b \cdot d}$$

によって求めることができます。

3 せん断ひび割れの種類と特徴

RC部材において、荷重によって生じるひび割れは「曲げひび割れ」と「せん断ひび割れ」に大別されます。また、前節で説明したように、せん断ひび割れには「曲げせん断ひび割れ」と「ウェブせん断ひび割れ」の2種類があります。

せん断ひび割れは「斜めひび割れ」とも言われ、曲げひび割れが部材軸と直交方向に生じるのに対し、せん断ひび割れは部材軸とある角度をなすように生じます。これは、主応力の方向を見るとよく理解できます。図6・4は集中荷重を受けるはりにおける主応力の分布を示したものです。図中の破線が最小主応力線（圧縮応力の向き）、実線が最大主応力線（引張応力の向き）であり、線の方向がそれぞれの主応力の方向と一致しています。この図を見ると、スパン内（支点と支点の間）において、曲げ引張縁であるはり部材の下端では最小主応力の向きは部材軸に対して直角方向であることがわかります。また、せん断スパンにおいては、高さ中央付近の中立軸の位置で最小主応力の方向は部材軸に対して45°傾いた方向であり、載荷点に近い部分では角度が非常に小さくなっていることがわかります。

ここで、コンクリートに生じるひび割れは、最大主応力（引張応力）が引張強度を超えた際にその直交方向に生じること、また、最大主応力と最小主応力が直交方向であることを考えると、図6・4において破線で示される最小主応力（圧縮応力）の方向がひび割れの方向に近いことがわかります。つまり、RCはりにおいて、圧縮応力である最小主応力が載荷点から支点の間でどのように伝わっているかを考えることで、ひび割れが生じる位置や方向を想像することができるのです。

4 せん断破壊の種類と特徴

RCはりのせん断破壊は、部材に作用する荷重条件のほか、部材の断面形状・寸法、用いられる材料の特性等によってさまざまな様相を示します。また、部材の条件によっては曲げ破壊が生じることもあります。はり部材において曲げ破壊もしくはせん断破壊のいずれの破壊が生じるかを考えるとき、それぞれの耐荷力を比較することによって、想定される破壊形式を把握することができます。つまり、耐荷力が小さい方に相当する破壊形式が、実際に生じる破壊形式であると推定できます。以下では、せん断破壊の種類と特徴について説明していきます。

一般に、RCはり部材のせん断破壊は、以下の4つの破壊形式に区分されます。

①斜め引張破壊（Diagonal Tension Failure）

はりのウェブ（軸方向鉄筋より上部のコンクリート腹部）において、斜め方向に生じたせん断ひび割れ（斜めひび割れ）が大きく開くことによって破壊に至る形式です。せん断スパン比 a/d

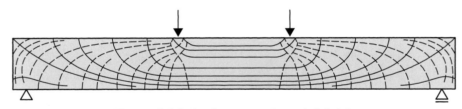

図6・4　集中荷重を受けるはりにおける主応力分布

が2.5程度以上のスレンダーな部材（スレンダービームという）で見られる破壊形式であり、せん断補強鉄筋（種類や用いる目的については後ほど説明します）が配置されていない、もしくは極めて少ない場合に、ウェブにおける斜めひび割れの発生とほぼ同時に急激に脆性的な破壊性状を示すことが特徴です（図6・5）。

②せん断圧縮破壊（Shear Compression Failure）

a/dが1.5程度以下のRC部材（ショートビームという）で見られる破壊形式です。斜めひび割れの発生後、コンクリートの圧縮領域が減少していき、最終的には曲げ圧縮領域におけるコンクリートの圧壊によって破壊に至ります。特に、a/dが1.0程度以下のRC部材であるディープビームやコーベル（コラム「ディープビームとコーベル」参照）において見られる破壊形式です（図6・6）。

③斜め圧縮破壊（Diagonal Compression Failure）

ウェブに生じた隣り合う斜めひび割れの間のコンクリートが斜め圧縮応力（圧縮主応力）により圧壊することで終局に至ります。そのため、「ウェブ圧縮破壊（Web Crushing Failure）」とも呼ばれます。軸方向に大きな圧縮力を受けているプレストレストコンクリート（以降、PC）部材において、I形やT形の断面でウェブ幅が薄く、プレストレス力が大きい場合に生じる破壊形式です。せん断補強鉄筋を多量に配置した場合に生じることもあります（図6・7）。

④せん断引張破壊（Shear Tension Failure）

ウェブ幅が薄い場合や、引張鋼材が多量にかつ集中して配置されている場合に生じる破壊形式です。このような部材では、斜めひび割れの発生後、斜めひび割れと鋼材が交差する部分から支点の間において、鋼材とコンクリート間の付着破壊に伴ってコンクリートにひび割れが生じるこ

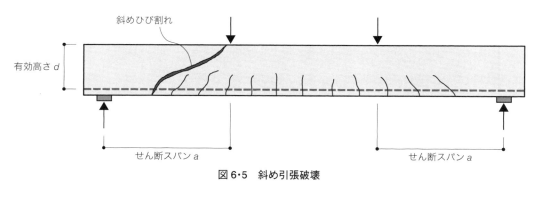

図6・5　斜め引張破壊

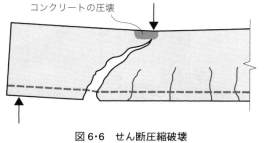

図6・6　せん断圧縮破壊

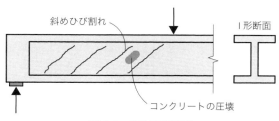

図6・7　斜め圧縮破壊

とがあります。さらに、斜めひび割れが開いた部分において、軸方向鋼材のダウエル作用（コンクリートのひび割れにおいて鋼材が軸直交方向にずれるときの抵抗のことをいう）によって軸方向鋼材に沿ってコンクリートにひび割れが生じることもあり、それらの影響によって部材が破壊します。そのため、「付着割裂破壊（Bond Splitting Failure）」とも呼ばれています（図6・8）。

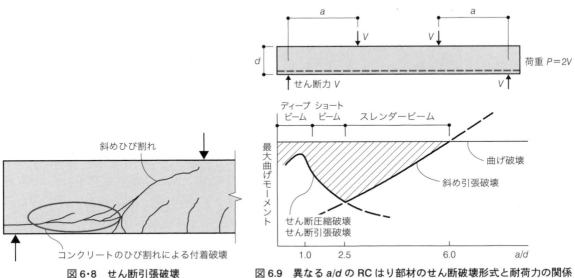

図 6・8　せん断引張破壊

図 6.9　異なる a/d の RC はり部材のせん断破壊形式と耐荷力の関係

▶ **COLUMN：ディープビームとコーベル**

せん断スパン比 a/d が 1.0 程度以下の単純ばりを「ディープビーム」といい、張出し部が短い片持ちばりを「コーベル」といいます。

これらの部材では、曲げモーメントに比べてせん断力の影響が大きく、荷重や支点反力により、鉛直方向の圧縮応力の影響を受けることによって、曲げ理論で説明できるはり部材とは異なる挙動を示します。特徴としては、斜めひび割れが発生した後でも荷重の低下を示すことはなく、斜めひび割れに沿った方向に圧縮力が伝わり（この部分をコンクリートの圧縮アーチ、もしくはコンクリートストラットといいます）、その力が引張鉄筋（その役割から引張タイといいます）に伝わってさらに大きな荷重に耐えることができる「タイドアーチ的な耐荷機構」が形成されます。その結果、ひび割れ発生時よりも大きな荷重に耐えることができます。実際の土木構造物では、橋脚を支える部分であるフーチングや、単純桁を支える橋脚上部の短い片持ちはり部（写真）などにおいて、このような破壊を考慮した設計が行われています。

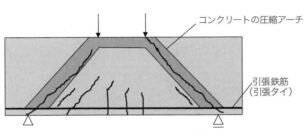

ディープビームのタイドアーチ的な耐荷機構

コーベル（橋脚上部の短い片持ちはり部）

以上のような破壊形式、特にせん断補強鉄筋を配置していない RC はりのせん断破壊の形式は、図 6・9 に示すようにせん断スパン比 a/d によっておおよそ分類することができます。

① $1.0 < a/d < 2.5$ のショートビームにおいては、斜めひび割れが引張鉄筋に沿って発生し、鉄筋とコンクリート間の付着破壊が生じる「せん断引張破壊」、もしくは斜めひび割れがはりの上部に向かって進展し、最終的には斜めひび割れ上部の圧縮領域が圧壊する「せん断圧縮破壊」により破壊します。

② 一方、$2.5 < a/d < 6.0$ の範囲では、曲げひび割れが発生するものの、斜めひび割れがはりの下部から上部に向けて進展し、軸方向鉄筋が降伏する前に「斜め引張破壊」により破壊します。

③ a/d が 6.0 以上の RC はりでは、斜めひび割れが発生する前に「曲げ破壊」形式によって破壊することが多いです。

2 せん断力に対する抵抗のしくみ

1 せん断補強鉄筋の種類と役割

引張に弱いコンクリートを鉄筋で補強する考え方は、せん断力に抵抗するためにも用いられています。一般に、ひび割れに対して直交方向に鉄筋を配置するとひび割れが開くことを防ぐことができ、その角度が 90°に近いほど鉄筋は有効に機能します。一方、ひび割れに対して平行では機能しません。設計では、どの位置に、どの方向に、またどの程度の量の鉄筋を配置するのかを決めていきます。

せん断ひび割れに抵抗するように配置した鉄筋を「せん断補強鉄筋」と呼びます。せん断補強鉄筋には、図 6・10 に示すような「スターラップ」と「折曲鉄筋」があります。

スターラップは部材軸に直交する方向に配置した鉄筋であり、折曲鉄筋は軸方向鉄筋を部材端部で折り曲げて配置した鉄筋のことをいいます。このうち折曲鉄筋は、せん断スパンにおいて斜めひび割れが生じることが想定される箇所に、ひび割れと直交方向に近い向きに配置することができるので、ひび割れの拡大防止には有効です。ただし、柱部材のように、地震時に水平方向の力が加わり、それと反対方向や異なる方向から荷重を交互に受けるような部材では、いったん発生した斜めひび割れと直交方向にひび割れが発生することから、折曲鉄筋が機能しないこともあ

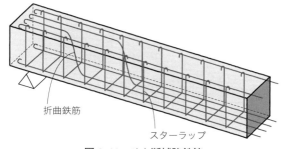

図 6・10　せん断補強鉄筋

ります。

また、スターラップには、引張鉄筋を取り囲むことによって斜めひび割れが引張鉄筋に沿って発生・進展することを防止するといった効果も期待できるため、土木学会『コンクリート標準示方書』(以降、示方書)では、せん断補強鉄筋が負担すべきせん断力の少なくとも1/2をスターラップによって受け持たせることが規定されています。

2 せん断力に抵抗する機構はトラスで考えるとわかりやすい(トラス理論)

RCはりがせん断力に抵抗する状態を考えるとき、部材内の力の伝わり方、つまり載荷点に加えられた力がどのように支点に伝達されるかを表現したモデルとしてトラスモデルを考えるとわかりやすくなります。そのトラスモデルの一例を図6・11に示します。ここでは、コンクリートの曲げ圧縮部を上弦材とし、引張鉄筋を下弦材とします。コンクリートによる曲げ圧縮力C'と引張鉄筋による曲げ引張力Tが上弦材、下弦材にそれぞれ生じています。

また、隣り合う斜めひび割れ間のウェブコンクリートを伝わる圧縮力を圧縮斜材(コンクリートストラットという)が受け持ち、せん断補強鉄筋(ここではスターラップを示しています)を鉛直引張材が受け持ちます。このモデルはあくまで概念的なものではありますが、力の伝わる経路として軸力のみを伝えるトラス部材をモデルに用いることによって、どのように力が伝達されるかを視覚的に理解できるとともに、耐荷力を求める際にも用いることができます。

このモデルは1900年代初めに提案されましたが、そのトラスモデルでは図6・11に示すように、圧縮斜材の部材軸となす角度θを45°とし、上弦材と下弦材との距離を圧縮合力の作用位置と軸方向鉄筋の図心位置との距離zとしています。そのため、実際のはりに生じる斜めひび割れの角度と異なることが指摘されていますが、耐荷力の評価が安全側となることや、計算が簡便になることを理由に、現在でも日本を含む多くの国でこの仮定がRCはりのせん断に関する設計に用いられています。なお、せん断補強鉄筋の間隔は実際の配置間隔と異なっていますので、いくつかの鉄筋を集めた合計の断面積を持つ鉛直引張材としています。

それでは、トラスモデルを用いて、せん断補強鉄筋の降伏、もしくはコンクリートストラットの圧壊が生じるときのせん断力を求めてみましょう。ここでは、任意の角度θの斜めひび割れを有するフリーボディーを考えます。この斜めひび割れの角度は、図6・11に示すトラスモデルに

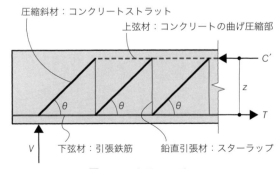

図6・11 トラスモデル

おけるコンクリートストラットの角度に相当します。

まず、せん断補強鉄筋による抵抗力を求めます。図6・12に示すように、1本の斜めひび割れに平行な断面で切断したフリーボディーを考えます。ここで、斜めひび割れを横切るせん断補強鉄筋の数nは、斜めひび割れの水平方向の投影長さをせん断補強鉄筋の配置間隔で割ることで、次式によって求めることができます。

$$n = \frac{z(\cot\theta + \cot\alpha)}{s} \tag{6.9}$$

z：圧縮合力の作用位置と引張鉄筋の中心位置との距離（アーム長）（$= j \cdot d$）（mm）
θ：斜めひび割れの角度（＝トラスモデルにおけるコンクリートストラットの角度）
α：せん断補強鉄筋が部材となす角度（図6・12 (a) のスターラップでは$\alpha = 90°$）
s：せん断補強鉄筋の配置間隔（mm）

せん断補強鉄筋1本当たりに生じている応力σ_wが鉄筋の降伏強度f_{wy}であると仮定すると、せん断補強鉄筋による抵抗せん断力V_sは次の式で求めることができます。ここで、はりの側面からせん断補強鉄筋を見ていますので、図6・13に示すはりの断面では奥行き方向には鉄筋は2本あるため、せん断補強鉄筋の断面積は2本分の総断面積となることに注意してください。

$$V_s = A_w \cdot f_{wy} \cdot \sin\alpha (\cot\theta + \cot\alpha) \cdot \frac{z}{s} \tag{6.10}$$

A_w：区間sにおけるせん断補強鉄筋の総断面積（mm⁴）
f_{wy}：せん断補強鉄筋の降伏強度（N/mm²）
s：せん断補強鉄筋の配置間隔（mm）

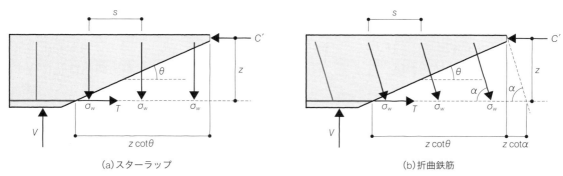

(a) スターラップ　　　　　　　　　　(b) 折曲鉄筋

図6・12　せん断補強鉄筋を有するRCはりのフリーボディー

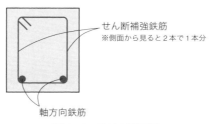

図6.13　はりの断面図

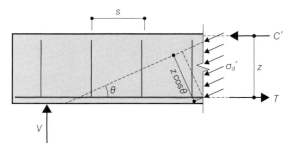

図6・14 コンクリートストラットによる抵抗力を求めるためのフリーボディー

次に、図6・14に示す鉛直方向の断面で切断したフリーボディーを考えると、コンクリートストラットによる抵抗力を求めることができます。斜めひび割れ間のコンクリートストラットに生じる圧縮応力をσ'_dとすると、その合力は$\sigma'_d \cdot b_w \cdot z \cdot \cos\theta$となります。その鉛直方向成分が作用せん断力$V_{wc}$と等しいので、次式で求めることができます。

$$V_{wc} = \sigma'_d \cdot b_w \cdot z \cdot \cos\theta \cdot \sin\theta \tag{6.11}$$

この抵抗力は前節4項で説明した斜め圧縮破壊の耐荷力に相当します。ただし、コンクリートストラットに生じる圧縮応力σ'_dは斜めひび割れ間のコンクリートが圧壊するときの応力度であり、単純に円柱供試体から求めたコンクリートの圧縮強度f'_cを用いることはできません。これはすでにひび割れているコンクリートの圧縮強度であるためであり、斜めひび割れの角度が45°であると仮定すると、σ'_dはf'_cの約0.5〜0.7倍として求めることができるとされています。

3 せん断補強鉄筋を有するRCはりのせん断耐力

先に示したトラスモデルは、せん断補強鉄筋が配置されているRCはりのせん断抵抗を非常にわかりやすくモデル化しているため、せん断耐力を簡単に求めることができました。しかし、このモデルを用いて算定した耐荷力は、実験結果より小さくなることがトラスモデルが提案されたときと同年代に行われた実験からすでにわかっています。それ以降、せん断補強鉄筋を有するRCはりのせん断耐力を適切に求めるために、さまざまな取り組みがなされてきました。解決策の1つとして、式 (6.10) により求められるせん断補強鉄筋による抵抗力V_sに、式 (6.13) で示すせん断補強鉄筋を配置していないはりの抵抗力V_cを加えた評価方法があります。この算定式 (6.12) のことは修正トラス理論式と呼ばれています。

$$V_y = V_c + V_s \tag{6.12}$$

$$V_c = V_{comp} + V_{agg} + V_{dowel} \tag{6.13}$$

せん断補強鉄筋が配置されていないRCはりのせん断抵抗は、図6・15に示すような以下の3つの作用による力で成り立っていると考えます。

① 斜めひび割れ上部のコンクリートの圧縮域のせん断抵抗：V_{comp}
② 斜めひび割れ面における骨材のかみ合わせ作用によるせん断抵抗：V_{agg}
③ 軸方向鉄筋のダウエル作用によるせん断抵抗：V_{dowel}

以下ではそれぞれのせん断抵抗について解説していきます。

①について、斜めひび割れの先端より上部の圧縮域コンクリートは、まだひび割れが生じていないため、せん断力に抵抗することができます。このせん断抵抗の大きさは、コンクリートの圧縮強度ならびに圧縮領域の深さ（高さ）の影響を受けます。圧縮強度が大きければこのせん断抵抗 V_{comp} は大きくなり、また軸方向鉄筋量が多ければ中立軸の位置が深くなり圧縮領域が大きくなるため、V_{comp} も大きくなります。

②については、一般にコンクリートのひび割れ面は細かな凹凸があるため、ひび割れ面においてせん断方向に抵抗します。これを「骨材のかみ合わせ作用」といいます。この骨材のかみ合わせ作用は、ひび割れ幅や骨材寸法に依存します。例えば、ひび割れ幅が大きい、もしくは骨材の寸法が小さいと、骨材のかみ合わせによる抵抗力 V_{agg} は小さくなります。また、コンクリートの圧縮強度が高強度になると、マトリックスと骨材の強度が近くなり、普通強度のコンクリートに比べてより平滑なひび割れ面になるため、骨材のかみ合わせ（というより、ここでは斜めひび割れ面における摩擦によるせん断伝達といった方が適切かもしれません）による抵抗力が相対的に小さくなります。同様に、軽量コンクリートでは骨材がマトリックスよりも弱いため、ひび割れが骨材を貫通するように生じます。そのため V_{agg} が小さくなります。

そのほかの要因として、部材寸法があります。骨材の大きさは部材の大きさによらずほぼ同じであることが一般的です。そのため、部材断面の寸法やはりの有効高さ d が大きくなると、ひび割れ面の凹凸が相対的に小さくなることに加えて、寸法の大きな部材では発生するひび割れ幅も相対的に大きくなるため、V_{agg} は小さくなります。

③については、斜めひび割れが軸方向鉄筋に交差するように生じたとき、作用せん断力の方向

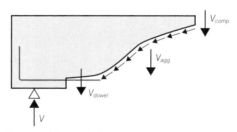

図 6·15　斜めひび割れ面におけるせん断伝達機構

▶ COLUMN：ビーム作用とアーチ作用によるせん断抵抗

　RCはりがせん断に抵抗する機構は、トラスモデルや斜めひび割れ面における力の釣合を用いる方法のほか、「ビーム作用」と「アーチ作用」によって説明することもできます。
　ここで、「ビーム作用」とは、鉄筋とコンクリートが一体となって外力に抵抗できるとき、つまり鉄筋とコンクリートの間の付着が十分確保できているときのRCはりのせん断抵抗の機構のことをいいます。この抵抗機構によるせん断耐力は、隣り合う斜めひび割れと斜めひび割れに囲まれるコンクリートにおける力の釣合によって求めることができます。一方、「アーチ作用」とは、スパン全域で付着が十分確保できなくなったとき、載荷点と支点を結ぶような斜めのコンクリートストラットが形成されて抵抗する機構のことをいいます。
　「ビーム作用」と「アーチ作用」による抵抗機構から求めたせん断耐力は、それぞれを単純に足し合せることはできませんが、RCはりの異なるせん断抵抗の機構を説明することができます。

に対して軸方向鉄筋が抵抗します。これを「ダウエル作用」といいます。ダウエル作用によるせん断抵抗 V_{dowel} は、軸方向鉄筋周辺のコンクリートや交差するひび割れ幅に影響されます。軸方向鉄筋量が多ければ、せん断方向の抵抗が大きくなるだけでなく、発生するひび割れ幅も小さくなり、V_{dowel} が大きくなります。また一般に、せん断補強鉄筋を配置していない RC はりでは、軸方向鉄筋のダウエル作用によって鉄筋周辺のコンクリートが引張強度に達して軸方向鉄筋に沿ってひび割れが生じてしまい、ダウエル作用が比較的小さくなります。

　以上のように、せん断補強鉄筋が配置されていない RC はりがせん断力に抵抗する機構は、曲げ耐力の計算のときに仮定した部材軸方向と直交する断面における力の釣合ではなく、斜めひび割れに沿った断面における力の釣合で考える方が理解しやすいことがわかります。そのため、ここで説明した抵抗機構に基づいて求められたせん断耐力は、部材軸と直交方向の断面ではなく、はりの軸方向のある一定の「区間」で考えたものであることを理解しておく必要があります。前節で示したせん断応力度を部材軸と直交する断面で求めていたこととは異なることに注意が必要です。

　また、せん断抵抗はさまざまな要因の影響を受けます。ただし、それらの影響を個別に捉えることは難しいため、現在でも研究が続けられています。後の節で紹介するように、示方書では、これらの影響をまとめて「コンクリートの分担分」として表現しており、実験的に定めた式を用いて評価しています。特に、RC はりの有効高さ d に関する影響、つまり部材が大きくなるに伴ってせん断強度が小さくなる「せん断強度の寸法効果」を評価できる設計式であることが特徴です。

3 せん断耐力の算定

　以下では、示方書に示されている RC はりのせん断耐力に関する設計式を紹介します。なお、示方書では、脆性的な破壊であるせん断破壊を防ぐためにスターラップの最小量や配置間隔等が構造細目として定められていますが、ここではその説明は省略します。

1 設計せん断耐力（V_{yd}）

RC はりの設計せん断耐力 V_{yd} は、次式で計算することができます。

$$V_{yd} = V_{cd} + V_{sd} \tag{6.14}$$

ただし、$\dfrac{p_w \cdot f_{yd}}{f_{cd}} \leqq 0.1$ とするのがよい。

V_{cd}：せん断補強鋼材を用いない棒部材の設計せん断耐力で、式 (6.15) により求める（N）

$$V_{cd} = \beta_d \cdot \beta_p \cdot f_{vcd} \cdot b_w \cdot d \cdot \dfrac{1}{\gamma_b} \tag{6.15}$$

$\beta_d = \sqrt[4]{\dfrac{1000}{d}}$　　ただし、$\beta_d > 1.5$ となる場合は $\beta_d = 1.5$ とする

d：有効高さ（mm）

$$\beta_p = \sqrt[3]{100\,p_v} \quad \text{ただし、} \beta_p > 1.5 \text{ となる場合は } \beta_p = 1.5 \text{ とする}$$

p_v：引張鋼材比

$$p_v = \frac{A_s}{b_w \cdot d}$$

A_s：引張側鋼材の断面積（mm²）

b_w：腹部の幅（mm）

$f_{vcd} = 0.20\sqrt[3]{f'_{cd}}$ (N/mm²) ただし、$f_{vcd} \leqq 0.72$ N/mm²

f'_{cd}：コンクリートの設計圧縮強度（N/mm²）

γ_b：部材係数（式（6.15）においては $\gamma_b = 1.3$ としてよい）

V_{sd}：せん断補強鋼材により受け持たれる設計せん断耐力で、式（6.16）により求める（N）

$$V_{sd} = A_w \cdot f_{wyd}(\sin \alpha_s + \cos \alpha_s) \cdot \frac{z}{s_s} \cdot \frac{1}{\gamma_b} \tag{6.16}$$

A_w：区間 s_s におけるせん断補強鋼材の総断面積（mm²）

f_{wyd}：せん断補強鋼材の降伏強度で、$25 f'_{cd}$（N/mm²）と 800 N/mm² のいずれか小さい値を上限とする

α_s：せん断補強鋼材が部材軸となす角度

s_s：せん断補強鋼材の配置間隔（mm）

z：圧縮応力の合力の作用位置から引張鋼材図心位置までの距離（mm）で、一般に $z = d/1.15$ としてよい

γ_b：部材係数（式（6.16）においては $\gamma_b = 1.1$ としてよい）

p_w：せん断補強鋼材比

$$p_w = \frac{A_w}{b_w \cdot s_s}$$

> **COLUMN：部材に作用する軸方向力が RC はりのせん断耐力に与える影響**
>
> RC はりのせん断抵抗がさまざまな要因の影響を受けることはすでに説明しましたが、その他にも、部材に作用する軸方向力も影響することがわかっています。
>
> 例えば、複数個の麻雀牌を横に並べてそれらを互いに押しつけるようにすると、すべてを同時に持ち上げることができます（牌を 2 段に積みあげて山をつくるイメージです）。このとき、それぞれの牌には、曲げモーメントとせん断力が作用しており、軸方向に圧縮力を加えることで、ばらばらであった牌と牌は離れない上に、ずれる方向にも抵抗できるようになります。つまり、曲げとせん断に対する抵抗が大きくなったのです。このことから、軸方向に圧縮力が RC はりに作用することによって、曲げひび割れが発生するときの荷重が大きくなるとともに、せん断耐力も大きくなることを想像することができます。
>
> 一方、軸方向に引張力が作用すると、RC はりのせん断耐力は小さくなります。これは、材料をぴんと引っ張った状態でハサミなどを用いて切ると、ゆるんだ状態より切りやすいことから想像することができます。
>
> RC はりのせん断耐力は軸方向力の影響を受けることは実験でも明かとなっているため、示方書では、軸方向力を考慮して RC はりのせん断耐力を算出するように定められています。特に、PC 部材のように大きな軸圧縮力（プレストレス）が作用する部材においては、プレストレスの影響を考慮したせん断耐力の算定式が定められています。

f_{yd}：引張鋼材の設計降伏強度

式（6.16）では、式（6.10）においてコンクリートのストラットの角度を45°とし、せん断補強鉄筋が降伏していると仮定したトラスモデルを用いていることがわかります。また、スターラップを用いた場合では $\alpha_s = 90°$ となるため、式（6.16）は以下の式のようになります。

$$V_{sd} = A_w \cdot f_{wyd} \cdot \frac{z}{s_s} \cdot \frac{1}{\gamma_b} \tag{6.17}$$

2 設計斜め圧縮破壊耐力（V_{wcd}）

ウェブコンクリートのせん断に対する設計斜め圧縮破壊耐力 V_{wcd} は、次式で計算することができます。

$$V_{wcd} = f_{wcd} \cdot b_w \cdot d \cdot \frac{1}{\gamma_b} \tag{6.18}$$

$f_{wcd} = 1.25\sqrt{f_{cd}}$ （N/mm²）　　ただし、$f_{wcd} \leq 9.8$ N/mm²

γ_b：部材係数（$\gamma_b = 1.3$ としてよい）

3 設計せん断圧縮破壊耐力（V_{dd}）

せん断スパン比 a/d が小さい場合、単純支持される部材では、斜めひび割れが発生した後、タイドアーチ的な耐荷機構が形成されて、より大きな荷重に耐えることができます。このような部材の破壊は、引張タイである引張鉄筋の降伏による曲げ破壊、もしくは圧縮アーチであるコンクリートストラットの圧壊によるせん断圧縮破壊を示します。このうち、設計せん断圧縮破壊耐力 V_{dd} は、次式で計算することができます。

$$V_{dd} = \beta_d \cdot \beta_p \cdot \beta_a \cdot f_{dd} \cdot b_w \cdot d \cdot \frac{1}{\gamma_b} \tag{6.19}$$

$\beta_d = \sqrt[4]{\dfrac{1000}{d}}$　　ただし、$\beta_d > 1.5$ となる場合は $\beta_d = 1.5$ とする

　　d：単純はりの場合は載荷点、片持ちはりの場合は支持部前面における有効高さ（mm）

$\beta_p = \dfrac{1 + \sqrt{100 p_v}}{2}$　　ただし、$\beta_p > 1.5$ となる場合は $\beta_p = 1.5$ とする

　　p_v：引張鋼材比

$$p_v = \frac{A_s}{b_w \cdot d}$$

　　　　A_s：引張側鋼材の断面積（mm²）
　　　　b_w：腹部の幅（mm）

$\beta_a = \dfrac{5}{1 + \left(\dfrac{a}{d}\right)^2}$

　　a：支持部前面から載荷点までの距離（mm）

$f_{dd} = 0.19\sqrt{f'_{cd}}$ (N/mm²)

f'_{cd}：コンクリートの設計圧縮強度（N/mm²）

γ_b：部材係数（$\gamma_b = 1.3$ としてよい）

また、RCはりにおいてせん断補強鉄筋比が0.2％以上となるようにせん断補強鉄筋を配置する場合、その補強効果を見込むことができます。このときの設計せん断圧縮破壊耐力は、次式で計算することができます。

$$V_{dd} = (\beta_d + \beta_w)\beta_p \cdot \beta_a \cdot \alpha \cdot f_{dd} \cdot b_w \cdot d \cdot \frac{1}{\gamma_b} \tag{6.20}$$

$\beta_d = \sqrt[4]{\dfrac{1000}{d}}$　ただし、$\beta_d > 1.5$ となる場合は $\beta_d = 1.5$ とする

d：単純はりの場合は載荷点、片持ちはりの場合は支持部前面における有効高さ（mm）

$\beta_w = \dfrac{4.2\sqrt[3]{100 p_w}\left(\dfrac{a}{d} - 0.75\right)}{\sqrt{f_{cd}}}$　ただし、$\beta_w < 0$ となる場合は $\beta_w = 0$ とする。

p_w：せん断補強鉄筋比

$$p_w = \frac{A_w}{b_w \cdot s_s}$$

ただし、$p_w < 0.002$ となる場合は $p_w = 0$ とする。

A_w：区間 s_s における軸方向と直交するせん断補強鉄筋の総断面積（mm²）

b_w：腹部の幅（mm）

s_s：軸方向と直交するせん断補強鉄筋の配置間隔（mm）

a：支持部前面から載荷点までの距離（mm）

f'_{cd}：コンクリートの設計圧縮強度（N/mm²）

$\beta_p = \dfrac{1 + \sqrt{100 p_v}}{2}$　ただし、$\beta_p > 1.5$ となる場合は $\beta_p = 1.5$ とする。

p_v：引張鋼材比

$$p_v = \frac{A_s}{b_w \cdot d}$$

A_s：引張側鋼材の断面積（mm²）

$\beta_a = \dfrac{5}{1 + \left(\dfrac{a}{d}\right)^2}$

α：支圧板の部材軸方向長さ r の影響を考慮する係数で以下の式により求める

$$\alpha = \frac{1 + 3.33\dfrac{r}{d}}{1 + 3.33 \cdot 0.05}$$

ただし、一般に $r/d = 0.1$ としてよい

$$f_{dd} = 0.19\sqrt{f_{cd}} \quad (\text{N/mm}^2)$$

γ_b：部材係数（$\gamma_b = 1.2$ としてよい）

例題 2

図に示すせん断補強鉄筋を配置した RC はりのせん断耐力を求めなさい。ただし、RC はりに用いたコンクリートの圧縮強度 f'_{cd} は 30 N/mm²、せん断補強鉄筋の降伏強度 f_{wyd} は 350 N/mm² とします。また、引張鉄筋には D19（断面積 286.5 mm²）、せん断補強鉄筋には D10（断面積 71.33 mm²）を用います。せん断耐力の計算に用いる部材係数は、V_{cd} の計算では 1.3 とし、V_{sd} の計算では 1.1 とします。

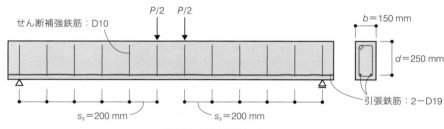

せん断補強鉄筋を配置した RC はり

解 答

まず、コンクリートの貢献分 V_{cd} を求めます。

$$\beta_d = \sqrt[4]{\frac{1000}{d}} = \sqrt[4]{\frac{1000}{250}} = 1.414$$

$$\beta_p = \sqrt[3]{100\,p_v} = \sqrt[3]{\frac{A_s}{b \cdot d} \cdot 100} = \sqrt[3]{\frac{286.5 \cdot 2}{150 \cdot 250} \cdot 100} = 1.152$$

$$f_{vcd} = 0.20\sqrt[3]{f'_{cd}} = 0.20\sqrt[3]{30} = 0.621 \text{ N/mm}^2$$

式 (6.15) より

$$V_{cd} = \beta_d \cdot \beta_p \cdot f_{vcd} \cdot b_w \cdot d \cdot \frac{1}{\gamma_b} = 1.414 \cdot 1.152 \cdot 0.621 \cdot 150 \cdot 250 \cdot \frac{1}{1.3} = 29.18 \times 10^3 \text{ N} = 29.18 \text{ kN}$$

また、式 (6.17) より

$$V_{sd} = A_w \cdot f_{wyd} \cdot \frac{z}{s_s} \cdot \frac{1}{\gamma_b} = 71.33 \cdot 2 \cdot 350 \cdot \frac{\frac{250}{1.15}}{200} \cdot \frac{1}{1.1} = 49.34 \times 10^3 \text{ N} = 49.34 \text{ kN}$$

以上より、RC はりのせん断耐力は、式 (6.14) より $V_{yd} = V_{cd} + V_{sd} = 78.52$ kN となります。

例題 3

例題 2 と同じ RC はりの斜め圧縮破壊耐力を求めなさい。部材の寸法は例題 2 と同じとします。また、計算に用いる部材係数は 1.3 とします。

[解答]

$f_{wcd} = 1.25\sqrt{f_{cd}} = 1.25\sqrt{30} = 6.85 \text{ N/mm}^2$

式 (6.18) より $V_{wcd} = f_{wcd} \cdot b_w \cdot d \cdot \dfrac{1}{\gamma_b} = 6.85 \cdot 150 \cdot 250 \cdot \dfrac{1}{1.3} = 197.6 \times 10^3 \text{ N} = 197.6 \text{ kN}$ となります。

ちなみに、この値と例題2で求めたせん断耐力を比較すると、設計斜め圧縮破壊耐力の方が大きいことがわかります。そのため、この RC はりにおいてはせん断補強鉄筋が降伏する前にウェブコンクリートの圧縮破壊が生じることはないということが推測できます。

[例題4]

図に示すような RC はりに集中荷重 $P = 600$ kN が作用するとき、RC はりにせん断破壊を生じさせないために必要なせん断補強鉄筋を選定しなさい。ただし、せん断補強鉄筋は JIS 規格の異形棒鋼から選びます。このとき、RC はりに用いたコンクリートの圧縮強度 f'_{cd} は 40 N/mm²、せん断補強鉄筋の降伏強度 f_{wyd} は 350 N/mm² とします。また、引張鉄筋には D25（断面積 506.7 mm²）を用い、せん断補強鉄筋はせん断スパンにおいて一様の間隔で配置しているものとします。せん断耐力の計算に用いる部材係数は、V_{cd} の計算では 1.3 とし、V_{sd} の計算では 1.1 とします。

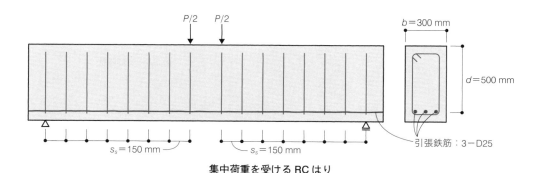

集中荷重を受ける RC はり

[解答]

まず、コンクリートの貢献分 V_{cd} を求めます。

$$\beta_d = \sqrt[4]{\dfrac{1000}{d}} = \sqrt[4]{\dfrac{1000}{500}} = 1.189$$

$$\beta_p = \sqrt[3]{100 p_v} = \sqrt[3]{\dfrac{A_s}{b \cdot d} \cdot 100} = \sqrt[3]{\dfrac{506.7 \cdot 3}{300 \cdot 500} \cdot 100} = 1.004$$

$$f_{vcd} = 0.20\sqrt[3]{f'_{cd}} = 0.20\sqrt[3]{40} = 0.684 \text{ N/mm}^2$$

式 (6.15) より

$$V_{cd} = \beta_d \cdot \beta_p \cdot f_{vcd} \cdot b_w \cdot d \cdot \dfrac{1}{\gamma_b} = 1.189 \cdot 1.004 \cdot 0.684 \cdot 300 \cdot 500 \cdot \dfrac{1}{1.3} = 94.21 \times 10^3 \text{ N} = 94.21 \text{ kN}$$

次に、式 (6.14) を参考にして、作用せん断力 V が RC はりのせん断耐力より小さくなるとせん断破壊を防ぐことができるので、$V \leqq V_{yd} = V_{cd} + V_{sd}$ とすればよいことがわかります。作用

せん断力 $V = \dfrac{P}{2} = 300 \text{ kN}$ であり、$A_w \cdot f_{wyd} \cdot \dfrac{d}{1.15} \cdot \dfrac{1}{s_s} \cdot \dfrac{1}{\gamma_b} \geqq V - V_{cd}$ となることから、

$$A_w \geqq \dfrac{1.15\, s_s (V - V_{cd})\, \gamma_b}{f_{wyd} \cdot d} = \dfrac{1.15 \cdot 150 \cdot (300 - 94.21) \times 10^3 \cdot 1.1}{350 \cdot 500} = 223.1 \text{ mm}^2$$

この断面積は、せん断補強鉄筋2本分であることから、1本当たりの必要なせん断補強鉄筋の断面積は 111.6 mm² となります。

この断面積に近い鉄筋は、D10（断面積 71.33 mm²）と D13（断面積 126.7 mm²）がありますが、111.6 mm² より大きな断面積の鉄筋である必要があり、さらに、経済性を考慮してこれより断面積が大きい鉄筋のうち最小の断面積の鉄筋を選ぶとすると、D13 となります。

■ 演習問題6-1 ■ 図に示すT形断面RCはりがせん断力 250 kN ならびに 180 kN を受けるとき、必要なせん断補強鉄筋の配置間隔を求めなさい。ただし、引張鉄筋には D29（断面積 642.4 mm²）、せん断補強鉄筋には D10（断面積 71.33 mm²）を用いることとします。また、コンクリートの圧縮強度 f'_{cd} は 40 N/mm²、せん断補強鉄筋の降伏強度 f_{wyd} は 350 N/mm² とします。せん断耐力の計算に用いる部材係数は、V_{cd} の計算では 1.3 とし、V_{sd} の計算では 1.1 とします。

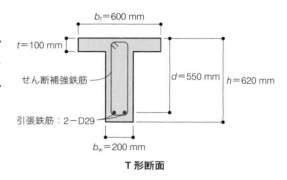

T形断面

7 構造細目

　鉄筋コンクリート（以降、RC）構造物を設計する際、部材の断面や寸法、鉄筋量等の項目については、前章までに述べた構造計算により決定することができます。しかしながら、建設した構造物がその機能を十分に発揮するためには、RC の成立条件の 1 つである「コンクリートと鉄筋との付着が完全であり、互いに力を伝達しあいながら両者が荷重に抵抗する」ことが前提となります。この付着に関する事項をはじめとして、コンクリート中に配置された鉄筋が有効にその役割を果たすための前提条件を規定したものが「構造細目」であり、「鉄筋の定着」「鉄筋の継手」「鉄筋の曲げ形状」「鉄筋のあき」等がこれに該当します。

　また、当然のことながら、構造物は構造計算どおりに建設する必要があります。もしも「鉄筋のかぶり」が設計値と異なっていれば、耐力そのものも設計と異なる値となり、思わぬトラブルを招く可能性があります。

　以上のことから、構造細目を学ぶことは極めて重要であることが理解できると思います。そこで、本章では、土木学会『コンクリート標準示方書』（以降、示方書）に準拠して、「かぶり」「鉄筋のあき」「鉄筋の曲げ形状」「鉄筋の継手」「鉄筋の定着」に関する構造細目を学んでいきます。

1 かぶり

　鉄筋のかぶりは、図 7・1 に示すように、最外縁に配置された鉄筋の表面とコンクリート表面との最短距離を測ったコンクリート部分の厚さを言います。

　かぶりの役割としては、「鉄筋とコンクリートの間の付着強度を確保する」「鉄筋の腐食を防止する」「火災に対して鉄筋を保護する」等があります。したがって、コンクリートの品質、要求される耐久性（部材が設置されている環境条件）、耐火性、構造物の重要度、部材寸法、施工誤差等を考慮して適切に定める必要があります。例えば、示方書では、図 7・2 に示すように、鉄筋の直径（異形鉄筋の場合は公称径を鉄筋径とする）または耐久性を満足するかぶりのいずれか大きい値に施工誤差を加えた値をかぶりの最小値と定義しており、この値よりも小さい値でかぶりを設

定してはいけません。

　部材によっては、帯鉄筋やスターラップを使用する場合がありますが、これらも同じく前述の規定（図7・2）を満足しなければなりません。なお、異形鉄筋を束ねて配置する場合には、鉄筋直径の設定に注意が必要となります（図7・3）。具体的には、束ねた鉄筋をその断面積の和に等し

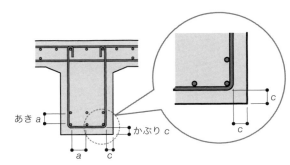

図7・1　鉄筋のかぶりとあき

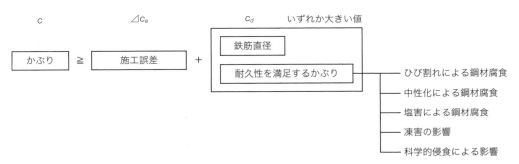

図7・2　かぶりの算定（耐火性を要求しない場合）（出典：土木学会『コンクリート標準示方書（2012年制定）［設計編］』2012）

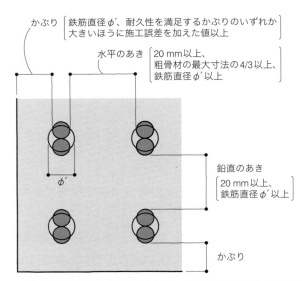

ϕ'：束ねた鉄筋の断面積の和に等しい断面積をもつ1本の鉄筋の直径

図7・3　束ねた鉄筋のかぶりとあき（出典：土木学会『コンクリート標準示方書（2012年制定）［設計編］』2012）

い断面積の1本の鉄筋と考えて、鉄筋直径（図7·3中のϕ'）を求めます。ただし、かぶりは、束ねた鉄筋自体とコンクリート表面との最短距離（図7·3中の「かぶり」）となります。

2 鉄筋のあき

　鉄筋のあきは、図7·1および図7·3に示すように、互いに隣り合って配置された鉄筋のお互いの表面の鉛直方向あるいは水平方向の間隔のことをいいます。打込み時にコンクリートの充填性がよく、締固めもしやすく、なおかつ鉄筋との付着力を十分に確保できるように適切に設定しなければなりません。

　示方書では、部材の種類ごとに、鉄筋のあきの最小値が表7·1のように規定されています。表からわかるとおり、柱においてはコンクリートの打込みが比較的難しいため、はりのあきよりも若干大きな値になっています。なお、直径32 mm以下の異形鉄筋を用いて複雑な配筋をすることにより十分な締固めを行うことができない場合には、はりおよびスラブ等では水平方向の軸方向鉄筋を2本ずつ上下に束ね、柱および壁等での鉛直軸方向鉄筋は2本または3本ずつ束ねて配置してもよいことになっています（図7·4）。この場合の鉄筋のあきは、かぶりと同様、図7·3に示すように、束ねた鉄筋自体の鉛直あるいは水平方向の間隔となります。

表7·1　はりおよび柱での鉄筋のあき

部材の種類	鉄筋のあき（最小値）
はり	水平方向（軸方向鉄筋を配置する場合） 　20 mm以上、かつ、 　粗骨材の最大寸法の4/3倍以上、かつ、 　鉄筋の直径以上 鉛直方向（2段以上に軸方向鉄筋を配置する場合） 　20 mm以上、かつ、 　鉄筋の直径以上
柱	あき（軸方向鉄筋を配置する場合） 　40 mm以上、かつ、 　粗骨材の最大寸法の4/3倍以上、かつ、 　鉄筋の直径の1.5倍以上

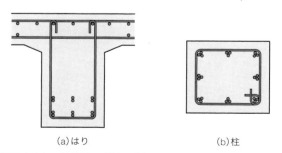

(a) はり　　　(b) 柱

図7·4　はりおよび柱において鉄筋を束ねて配置する場合の例（出典：土木学会『コンクリート標準示方書（2012年制定）［設計編］』2012）

3 鉄筋の曲げ形状

鉄筋は直線状に製造されますが、部材に用いる場合には鉄筋を曲げ加工して用いる場合が少なくありません。曲げ形状を決定するにあたっては、①加工時に鉄筋の材質に悪影響を及ぼさないこと、②コンクリート部材中において鉄筋の応力が円滑にコンクリートに伝達すること、③曲げ加工箇所からコンクリートに過度な応力（支圧応力等）が加わらないこと等に配慮する必要があります。

図7·5に、はり部材における鉄筋の曲げ加工箇所例を示します。鉄筋A（軸方向鉄筋）では、端部にフックを設けて定着する場合が多くなります。鉄筋B（軸方向鉄筋）では、前述の②を考慮して鉄筋の長手方向の途中を折り曲げ加工（折曲鉄筋）します。鉄筋C（スターラップ）は、直角に曲げ加工した上で端部をフックにより定着しています。フックやその他の曲げ形状については、次のように示方書に定められています。

1 標準フックに関する規定

鉄筋の端部を折り曲げた部分のことを「フック」と言います。標準フックには、図7·6に示す「半円形フック」「鋭角フック」「直角フック」の3種類があります。

①半円形フック：鉄筋端部を半円形に180°折り曲げ、半円形の端から鉄筋直径の4倍以上でかつ60 mm以上まっすぐに延ばしたもの

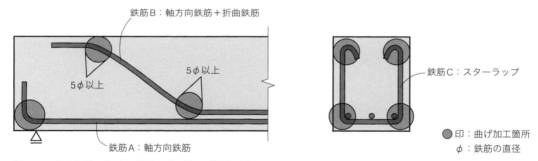

図7·5　はり部材における鉄筋の曲げ加工箇所の例（出典：『大学土木 鉄筋コンクリート工学（改訂3版）』オーム社）

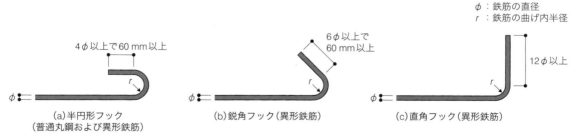

図7·6　鉄筋端部のフックの形状（出典：土木学会『コンクリート標準示方書（2012年制定）［設計編］』2012）

②鋭角フック：鉄筋端部を 135° 折り曲げ、折り曲げてから鉄筋直径の 6 倍以上でかつ 60 mm 以上まっすぐに延ばしたもの

③直角フック：鉄筋端部を 90° 折り曲げ、折り曲げてから鉄筋直径の 12 倍以上まっすぐに延ばしたもの

端部のフックの形状は、鉄筋の種類により、表 7・2 のように決められています。また、フックの曲げ内半径（図 7・6 中の r）も、鉄筋の種類により表 7・3 のように定められており、表中の値以上にする必要があります。ただし、直径 $\phi \leqq 10$ mm の普通丸鋼、異形棒鋼をスターラップとして使用する場合は、1.5ϕ の曲げ内半径でよいとされています。

2 その他の規定

図 7・5 に示す折曲鉄筋の曲げ内半径は、鉄筋直径 ϕ の 5 倍以上とします。ただし、コンクリート部材の側面から $2\phi + 20$ mm 以内の距離にある鉄筋を折曲鉄筋として用いる場合は、折曲げ部のコンクリートの支圧強度が内部のそれよりも小さくなるので、曲げ内半径を鉄筋直径の 7.5 倍

表 7・2　鉄筋の種類による端部のフックの形状

鉄筋名	端部のフックの形状	
	普通丸鋼	異形鉄筋
軸方向鉄筋	半円形フック	処理せず、あるいは、標準フック
スターラップ	半円形フック	鋭角フック、あるいは、直角フック
帯鉄筋	半円形フック	半円形フック、あるいは、鋭角フック

表 7・3　フックの曲げ内半径

種類		曲げ内半径（r）	
		軸方向鉄筋	スターラップおよび帯鉄筋
普通丸鋼	SR235	2.0ϕ	1.0ϕ
	SR295	2.5ϕ	2.0ϕ
異形棒鋼	SD295A, B	2.5ϕ	2.0ϕ
	SD345	2.5ϕ	2.0ϕ
	SD390	3.0ϕ	2.5ϕ
	SD490	3.5ϕ	3.0ϕ

ϕ：鉄筋の直径［mm］

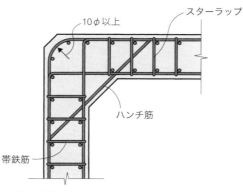

図 7・7　ハンチ、ラーメン隅角部等の鉄筋（出典：土木学会『コンクリート標準示方書（2012 年制定）［設計編］』2012）

以上としなければなりません。

また、ラーメン構造の隅角部の外側に沿う鉄筋の曲げ内半径は、鉄筋直径の 10 倍以上にします（図 7・7）。

ハンチ、ラーメン構造の隅角部等の内側に沿う鉄筋については、スラブまたははりの引っ張りを受ける鉄筋を曲げたものとせず、そのハンチ内側に沿って別の直線の鉄筋を入れます（図 7・7）。

4 鉄筋の継手

1 継手の位置

鉄筋はさまざまな長さのものを製造できますが、長尺の鉄筋は運搬することが困難です。この運搬による制約のため、通常、RC 部材では鉄筋を継ぎ足すこと（この部分を「継手」といいます）が必要となります。継手は構造上の弱点になりやすいため、設ける位置については、次の点に注意する必要があります。

①引張応力の大きい断面（はりのスパン中央付近）に設けない

継手は弱点になることが多いため、応力の大きな箇所に設けると、部材の耐力低下を招く可能性があります。

②継手は同一断面内に集中して設定しない

継手を同一断面内に集めて設置すると、継手に弱点があった場合に部材自体も危険な状態となります。また、次項に述べる継手の種類によっては、その部分にコンクリートのゆきわたりが悪くなることもあります。したがって、継手は同一断面内に集中して設けないことが原則となります。そのためには、継手位置を軸方向に相互にずらす必要があります。ずらす距離としては、継手の長さに鉄筋直径の 25 倍を加えた長さ以上を標準とします（図 7・8）。

③継手部と隣接する鉄筋とのあき、または継手相互のあきは、粗骨材の最大寸法以上とする

鉄筋の継手部は、継手部以外の部分よりも鋼材の断面積が増加します。そのため、継手のあきを通常の鉄筋のあきと同様の要求性能（表 7・1）にすると、鉄筋間隔が広くなって設計自体が困難となります。これを避けるために、通常の鉄筋のあきよりも若干緩和した規定になっています。ただし、継手部分はコンクリートがゆきわたりにくい箇所となるので、可能な

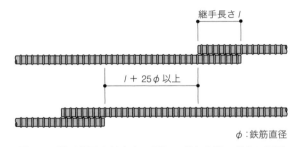

図 7・8　継手位置を軸方向に相互にずらす際のずらし距離

限りあきを確保することが望ましいといえます。
④鉄筋を配置した後に継手を施工する場合は、継手施工用の機器等が挿入できるあきを確保する
⑤継手部のかぶりは、本章1節で述べたかぶりの規定を満足させる

2 継手の種類

鉄筋の継手には、鉄筋同士を一定の長さで重ね合わせて継ぐ①重ね継手、または、鉄筋相互を接合する継手として②圧接継手、③溶接継手、④機械式継手があります（図7・9）。

①重ね継手は、コンクリートとの付着を介して鉄筋を接合する方法です。一方、②圧接継手は、鉄筋を加熱し、鉄筋接合部に軸方向から圧力を加えながら鉄筋相互を加熱接合する方法です。③溶接継手には、鉄筋両端部を電気溶接により接合する方法と、重ね継手において重ね合わせ長さを短縮するために重ね合わせ部分を溶接する方法等があります。④機械式継手は、鉄筋端部の外側にスリーブと呼ばれる所定の肉厚を有する鋼管等をかぶせ、鉄筋のふし節とスリーブのかみ合いやねじによる接合で鉄筋の応力を伝達させる方法です。

以下では、重ね継手と圧接継手の詳細を解説します。溶接継手や機械式継手については、土木学会『鉄筋定着・継手指針』に詳しく記載されているので、そちらを参考にしてください。

3 重ね継手

重ね継手は、昔からの継手の手法です。図7・10 (a) に示すとおり、例えば異形鉄筋 A に引張力 T が作用した場合、鉄筋を重ねた部分の付着力を介して異形鉄筋 B にも引張力 T が伝達する機構になっています。丸鋼では、付着力が十分ではないため、図7・10 (b) に示すとおり、丸鋼端部にフックを設けて、支圧力を利用して力を伝達します。

異形鉄筋の重ね継手部分の破壊形式は、ほとんどが図7・11 に示す割裂破壊となります。重ね継手相互のあきが小さい場合には側面割裂（図7・11 (a)）、あきに比べてかぶりが小さい場合には側面・表面割裂（図7・11 (b)）、あきもかぶりも小さい場合にはV形割裂（図7・11 (c)）が生じます。

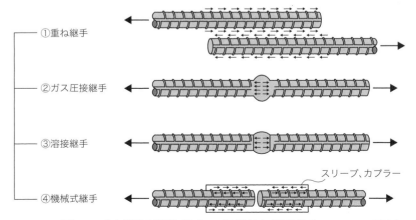

図7・9　主な継手の種類（出典：日本圧接協会『鉄筋継手マニュアル』2005に一部加筆）

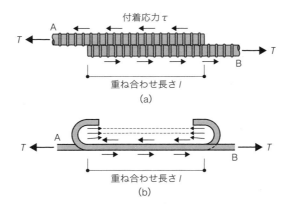

図7・10 重ね継手（出典：小倉弘一郎・矢部喜堂「鋼材の接合―鉄筋の場合―」『コンクリート工学』Vol.17、No.7、日本コンクリート学会、1979）

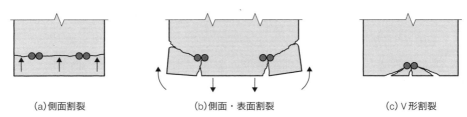

図7・11 重ね継手部の割裂破壊（出典：小倉弘一郎・矢部喜堂「鋼材の接合―鉄筋の場合―」『コンクリート工学』Vol.17、No.7、日本コンクリート学会、1979）

なお、重ね継手部の応力伝達機構は鉄筋の定着部と似ているため、重ね合わせ長さ l は定着部での基本定着長 l_d（本章5節2項②）に基づいて設定します。ここでは、軸方向鉄筋あるいは横方向鉄筋に重ね継手部を設ける場合の重ね合わせ長さの規定を以下にそれぞれ示します。

①軸方向鉄筋

軸方向鉄筋に重ね継手を用いる場合には、重ね合わせ長さを鉄筋直径の20倍以上とすることが原則です。加えて、以下の条件を満たす必要があります。

①配置する鉄筋量が計算上必要な鉄筋量の2倍以上、かつ同一断面での継手の割合が1/2以下の場合には基本定着長 l_d 以上

②上記①の条件のうち一方が満足されない場合は、継手部を横方向鉄筋等で補強した上で、基本定着長 l_d の1.3倍以上

③上記①の条件のうち両方とも満足されない場合は、継手部を横方向鉄筋等で補強した上で、基本定着長 l_d の1.7倍以上

さらに、以下の点にも注意が必要です。地震のような正負交番（向きが反対方向の外力や変形が交互に作用すること）荷重が作用する場合、塑性ヒンジ領域（最終的に破壊が生じる領域のことで、そこでは作用曲げモーメントを保持しながら回転変形が進行することが要求されます）では、重ね継手を用いないことが原則ですが、やむを得ず重ね継手を使用する場合には、重ね合わせ長さを基本定着長 l_d の1.7倍以上としてフックを設けるとともに、らせん鉄筋、連結用補強金具等で継手部を補強する必要があります。また水中構造物の場合には、鉄筋直径の40倍以上の重

ね合わせ長さとします。

なお、重ね継手部に帯鉄筋や中間帯鉄筋を設ける場合、これら鉄筋の間隔は 100 mm 以下とします（図 7・12）。

②横方向鉄筋

スターラップに沿ってひび割れが生じる可能性があるので、鉄筋とコンクリートとの付着を期待する重ね継手を用いることは好ましくありません。ただし、大断面の部材等でやむを得ず使用する場合は、重ね合わせ長さを基本定着長 l_d の 2 倍以上とする、あるいは、基本定着長 l_d を確保した上で端部に鋭角または直角フックを設ける必要があります。なお、重ね継手の位置は圧縮域またはその近くにします。

4 圧接継手

圧接継手は、図 7・13 に示すとおり、鉄筋接合断面を突き合わせて、軸方向から圧力を加えながら、酸素とアセチレンの混合ガス炎で接合部を 1200 〜 1300 ℃ に加熱し、接合断面を溶かすことなく赤熱状態でふくらみをつくり接合する方法です。

ガス圧接は接合の分類上では溶接の一種ですが、その接合機構はアーク溶接とは根本的に異なります。ガス圧接の場合は母材同士が直接接合されるのに対して、アーク溶接は溶着金属という

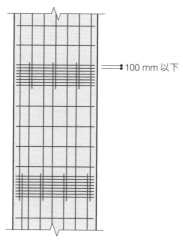

図 7・12　重ね継手部の帯鉄筋や中間帯鉄筋の間隔（出典：土木学会『コンクリート標準示方書（2012 年制定）［設計編］』2012）

図 7・13　ガス圧接の工程（出典：土木学会『コンクリートライブラリー 128 鉄筋定着・継手指針［2007 年版］』2007）

媒介を介して間接的に接合されます。ガス圧接の接合は、加圧および加熱により突き合わせた両端面の原子が接合面をまたいで拡散し、金属結合して一体化することにより行われます。ガス圧接継手の詳細については、日本圧接協会『鉄筋のガス圧接工事標準仕様書』等を参照してください。

5 鉄筋の定着

　RCが成立するためには、外力に対してコンクリート中の鉄筋がすべらずに、両者が一体となって挙動する必要があります。この条件を満足させるためには、鉄筋がコンクリートに十分に定着されていること（しっかりと留まって端部が動かないこと）が重要となります。例えば、定着が十分でないと、鉄筋が引き抜けると同時に、接合部やその近傍のコンクリートが破壊する場合があります（図7・14）。

　鉄筋の定着に関する規定は、鉄筋の役割に応じて、軸方向鉄筋と横方向鉄筋とに大別されます。ここでは、軸方向鉄筋および横方向鉄筋の端部定着についての一般規定、ならびに曲げ部材における軸方向引張鉄筋の定着長の計算方法について説明します。

1 一般規定
定着に関する一般規定を以下に示します。

①共通の規定
①鉄筋端部は、コンクリート中に十分に埋め込み、鉄筋とコンクリートとの付着力によって定着するか、フックをつけて定着するか、または機械的に定着する
②普通丸鋼は付着力が弱いため、端部には必ず半円形フックを設ける（図7・6）
③鉄筋とコンクリートとの付着力により定着する場合、またはフックをつけて定着する場合の鉄筋の端部は、定着長の計算を行う部材断面の位置（定着長算定位置、本章5節2項①）において、本章5節2項③に定める定着長をとって定着する

②軸方向鉄筋に関する規定
①スラブまたははりの正鉄筋（正の曲げモーメントにより生じる引張応力に対して配置する主

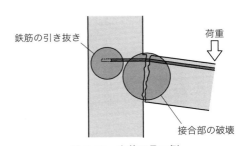

図7・14　定着不足の例

鉄筋）の少なくとも 1/3 は、曲げ上げずに支点を超えて定着する（図 7・15）
② スラブまたははりの負鉄筋（負の曲げモーメントにより生じる引張応力に対して配置する主鉄筋）の少なくとも 1/3 は、反曲点を超えて延長し、圧縮側で定着するか、あるいは次の負鉄筋と連続させる（図 7・15）
③ 折曲鉄筋は、その延長を正鉄筋または負鉄筋として用いるか、または折曲鉄筋端部をはりの上面または下面に所用のかぶりを残してできるだけ近接させ、はりの上面または下面に平行に折り曲げて水平に延ばし、圧縮側のコンクリートに定着させる（図 7・15）

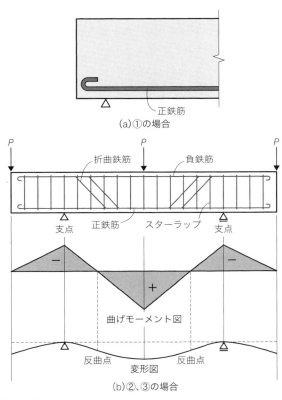

図 7・15　軸方向鉄筋の定着（出典：『絵とき 鉄筋コンクリートの設計（改訂 2 版）』オーム社をもとに作成）

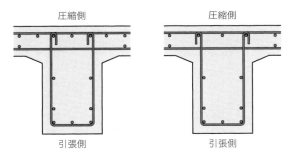

図 7・16　スターラップの端部形状（出典：土木学会『コンクリートライブラリー 128 鉄筋定着・継手指針 [2007 年版]』2007）

図 7・17　帯鉄筋の端部形状（出典：土木学会『コンクリートライブラリー 128 鉄筋定着・継手指針 [2007 年版]』2007）

③横方向鉄筋に関する規定

① スターラップは、正鉄筋または負鉄筋を取り囲み、その端部を圧縮側コンクリートに定着する。圧縮鉄筋があれば、スターラップでこれを取り囲む（図7・16）

② 帯鉄筋の端部には、軸方向鉄筋を取り囲んだ半円形フックまたは鋭角フックを設ける（図7・17）

③ らせん鉄筋は、1巻余分に巻き付けて、らせん鉄筋に取り囲まれたコンクリート中にこれを定着する。ただし、塑性ヒンジ領域では、端部を2巻以上重ねる

2 定着長の算定

ここでは、曲げ部材における軸方向引張鉄筋の定着長の計算方法について解説します。図7・18 (a) に、定着長の計算を行うはり部材の例を示します。

定着長の計算手順としては、まず「定着長算定位置」を設定した後、その位置での「基本定着長 l_d」を計算し、最後に「定着長 l_0」を求めます。以下に、その詳細を説明していきます。

①定着長算定位置

曲げ部材における軸方向引張鉄筋の定着長の算定およびその位置の設定については、次の①～⑤により行います。

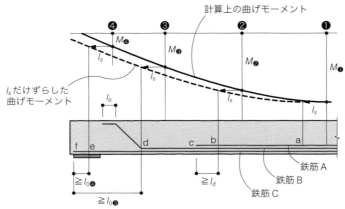

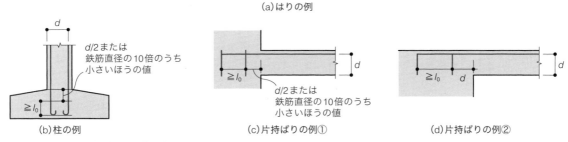

図7・18　鉄筋定着長算定位置の例（出典：土木学会『コンクリートライブラリー128 鉄筋定着・継手指針［2007年版］』2007）

①曲げモーメントが極値をとる断面から l_s だけ離れた位置を起点として、低減定着長 l_0 以上の定着長をとる

②計算上鉄筋の一部が不要となる断面で折曲鉄筋とする場合は、曲げモーメントに対して計算上鉄筋の一部が不要となる断面から、曲げモーメントが小さくなる方向に l_s だけ離れた位置で鉄筋を折り曲げる

③折曲鉄筋をコンクリートの圧縮部に定着する場合の定着長は、フックを設けない場合は 15ϕ 以上、フックを設ける場合は 10ϕ 以上とする（ϕ は鉄筋の直径）

④引張鉄筋は、引張応力を受けないコンクリートに定着するのが原則である。ただし、次の (a) あるいは (b) のいずれかを満足する場合には、引張応力を受けるコンクリートに定着してもよい

(a) 鉄筋切断点から計算上不要となる断面までの区間では、設計せん断耐力が設計せん断力の 1.5 倍以上の場合

(b) 鉄筋切断部での連続鉄筋による設計曲げ耐力が設計曲げモーメントの 2 倍以上、かつ、切断点から計算上不要となる断面までの区間で、設計せん断耐力が設計せん断力の 4/3 倍以上の場合

⑤スラブまたははりの正鉄筋を端支点を超えて定着する場合は、その鉄筋は支承の中心から l_s だけ離れた断面位置の鉄筋の応力に対する低減定着長 l_0 以上を支承の中心からとり、さらに部材端まで延長する

上記の①～⑤に基づき、鉄筋 A ～ C の定着位置を、以下にそれぞれ示します（図 7・18 (a)）。

鉄筋 A は、引張応力を受けるコンクリートに鉄筋を定着する例です。鉄筋 A は断面❶で応力度が最大となります。そのため、断面❶から上記①にしたがって l_s だけ離れた点 a から、$l_{0❶}$（断面❶における鉄筋応力度に対する低減定着長）以上の定着長が必要となります。しかしながら、この鉄筋は引張力を受けるコンクリートに定着されるため、上記④にしたがう必要があります。c 点が計算上鉄筋 A が不要となる断面❷から $(l_d + l_s)$ 以上離れていますので、鉄筋 A の定着長の検討は不要となります。

鉄筋 B は、折曲鉄筋を定着する例となります。この場合では、鉄筋の折曲点 d は計算上鉄筋 B が不要となる断面❸から上記②にしたがって l_s だけ離れた位置を起点に定着長を計算します。ただし、断面❸から l_s 離れた位置（点 d）で鉄筋 B を折り曲げているため、定着長の計算は不要となります。また、同時に、鉄筋 B の応力度が計算上極大となる b 点から l_0 以上の定着長も必要となります。ただし、これらの条件は満足されている場合が多いので、通常はこれらの検討は不要となります。

鉄筋 C は、支点を超えて延ばす鉄筋の例です。鉄筋端部 f 点と、鉄筋 C の応力度が極大となる位置から l_s 離れた d 点との間に、$l_{0❸}$ 以上の定着長が必要となります。加えて、上記⑤によって、f 点と e 点の間には、$l_{0❹}$ 以上の定着長も必要となります。

なお、図 7・18 (b)～(d) は、柱および片持ちばりにおける定着長算定位置を示したものです。

②基本定着長

鉄筋の基本定着長 l_d は、次式により求めた算定値を、以下の①〜③にしたがって補正した値となります。ただし、この補正した値は 20ϕ 以上でなければいけません。

$$l_d = \alpha \left(\frac{f_{yd}}{4 f_{bod}} \right) \phi \tag{7.1}$$

　α：k_c の計算結果による

　　$k_c \leqq 1.0$ の場合：$\alpha = 1.0$
　　$1.0 < k_c \leqq 1.5$ の場合：$\alpha = 0.9$
　　$1.5 < k_c \leqq 2.0$ の場合：$\alpha = 0.8$
　　$2.0 < k_c \leqq 2.5$ の場合：$\alpha = 0.7$
　　$2.5 < k_c$　　　　の場合：$\alpha = 0.6$

$$k_c = \frac{c}{\phi} + \frac{15 A_t}{s \cdot \phi}$$

　c：鉄筋の下側のかぶりと定着する鉄筋のあきの半分の値のうちの小さい方の値（mm）
　ϕ：鉄筋の直径（mm）
　A_t：仮定される割裂破壊断面に垂直な横方向鉄筋の断面積（mm²）
　s：横方向鉄筋の中心間隔（mm）

f_{yd}：鉄筋の設計引張降伏強度（N/mm²）
f_{bod}：コンクリートの設計付着強度（N/mm²）

$$f_{bod} = \frac{f_{bok}}{\gamma_c}$$

ただし、$f_{bod} \leqq 3.2$ N/mm²

　f_{bok}：式（3.6）の付着強度の特性値（N/mm²）
　γ_c：材料係数（$\gamma_c = 1.3$）

①引張鉄筋の基本定着長 l_d は、式（7.1）による算定値とする。ただし、標準フックを設ける場合には、この算定値から 10ϕ 減じる
②圧縮鉄筋の基本定着長 l_d は、式（7.1）による算定値の 0.8 倍とする。標準フックを設ける場合でも、これ以上減じてはならない
③定着を行う鉄筋が、コンクリートの打込みの際に、打込み終了面から 300 mm の深さより上方の位置にあり、かつ水平から 45° 以内の角度で配置されている場合、引張鉄筋または圧縮鉄筋の基本定着長は、①または②で算定される値の 1.3 倍とする

③定着長

鉄筋の定着長 l_0 は、基本定着長 l_d 以上でなければいけません。ただし、実際に配置される鉄筋量 A_s が、計算上必要な鉄筋量 A_{sc} よりも大きい場合には、次式によって定着長 l_0 を減じてもかまいません。

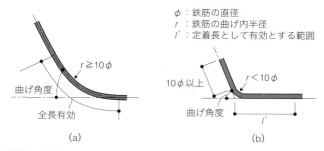

図7・19　定着部が曲がった鉄筋の定着長のとり方（出典：土木学会『コンクリートライブラリー128 鉄筋定着・継手指針［2007年版］』2007）

$$l_0 \geq l_d \cdot \frac{A_{sc}}{A_s} \tag{7.2}$$

ただし、$l_0 \geq l_d/3$、$l_0 \geq 10\phi$

　　ϕ：鉄筋の直径

なお、定着部が曲がった鉄筋の場合の定着長のとり方は、以下のとおりです。

①曲げ内半径が鉄筋の直径の10倍以上の場合は、折り曲げた部分も含めて、鉄筋の全長を有効とします（図7・19 (a)）

②曲げ内半径が鉄筋の直径の10倍未満の場合は、折り曲げた位置から鉄筋の直径の10倍以上まっすぐに延ばしたときにかぎり、直線部分の延長と折曲げ後の直線部分の延長との交点までを定着長として有効とします（図7・19 (b)）

例題1

図に示すRCはりについて、

主鉄筋：D29（断面積642.4 mm²）を3本配筋、SD295A

A－B間のスターラップ：D10（断面積71.33 mm²）を280mm間隔で配筋

点Aにおいて$A_{sc}/A_s = 1.0$

点Dの設計モーメント：$M_D = 35.0$ kN·m

とし、(1) (2) の場合の定着長をそれぞれ求めなさい。

ただし、標準フックは設けないこととします。また、コンクリートの設計基準強度f'_{ck}を24 N/mm²、コンクリートのヤング係数E_cを200000 N/mm²とし、鉄筋のヤング係数E_sを25000 N/mm²とします。

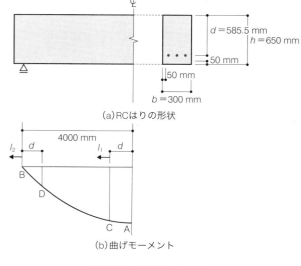

単鉄筋長方形ばりの定着

(1) 曲げモーメントが極値をとる位置Aからl_s離れた位置Cからの定着長l_1

(2) 支点 B を超えて定着する際の定着長 l_2

[解　答]

(1) 基本定着長 l_d を式（7.1）により算出します。

$$1.5 < k_c = \frac{c}{\phi} + \frac{15 A_t}{s \cdot \phi} = \frac{50}{29} + \frac{15 \cdot 71.33}{280 \cdot 29} ≒ 1.86 \leqq 2.0 \text{ より} \quad \alpha = 0.8$$

D29（SD295A）の降伏点　$f_{yd} = 295 \text{ N/mm}^2$

$$f_{bod} = \frac{0.28 \sqrt[3]{f_{ck}^2}}{1.3} = \frac{0.28 \cdot \sqrt[3]{24^2}}{1.3} = 1.79 \text{ N/mm}^2$$

以上より、基本定着長 $l_d = \alpha \left(\frac{f_{yd}}{4 f_{bod}} \right) \phi = 0.8 \cdot \frac{295}{4 \cdot 1.79} \cdot 29 = 956 \text{ mm}$

よって、定着長 l_1 は式（7.2）より、

$$l_1 = l_d \cdot \frac{A_{sc}}{A_s} = 956 \cdot 1.0 = 956 \text{ mm}$$

(2) 断面 D における鉄筋応力度に対する基本定着長を算定します。

ここでは、鉄筋に作用する応力に対する基本定着長を求めるため、鉄筋の設計引張降伏強度ではなく、鉄筋応力度の値を用いて計算します。

式（4.35）より、

$$k = \sqrt{2 n \cdot p + (n \cdot p)^2} - n \cdot p = 0.341$$
$$n = E_s / E_c = 200000 / 25000 = 8$$
$$p = \frac{A_s}{b \cdot d} = \frac{1927.2}{300 \cdot 585.5} = 0.0011$$

鉄筋応力度 σ_s は式（4.37）より、

$$\sigma_s = \frac{M_D}{A_s \cdot j \cdot d} = \frac{35 \times 10^6}{1927.2 \cdot 0.886 \cdot 585.5} = 35.0 \text{ N/mm}^2$$

$$j = 1 - \frac{k}{3} = 1 - \frac{0.341}{3} = 0.886$$

よって、定着長 l_2 は (1) より

$$l_2 = \alpha \left(\frac{\sigma_s}{4 f_{bod}} \right) \phi = 0.8 \cdot \frac{35}{4 \cdot 1.79} \cdot 29 = 113 \text{ mm}$$

❖参考文献

・土木学会『コンクリート標準示方書（2012 年制定）[設計編]』2012
・日本圧接協会『鉄筋継手マニュアル』2005
・土木学会『コンクリートライブラリー 128 鉄筋定着・継手指針 [2007 年版]』2007
・小倉弘一郎・矢部喜堂「鋼材の接合—鉄筋の場合—」『コンクリート工学』Vol.17、No.7、日本コンクリート工学会、1979
・日本圧接協会『建設技術者のための圧接工学ハンドブック』技術堂出版、1984
・日本圧接協会『鉄筋のガス圧接工事標準仕様書』2005

演習問題の答え

▶1章 の答え

▓ 演習問題 1-1 ▓

部材に作用する圧縮力はコンクリートで負担して、引張力を鉄筋で負担させる。

（1章2節1項①参照）

▓ 演習問題 1-2 ▓

・コンクリート中の鉄筋はさびにくい

・鉄筋とコンクリートとの間で、かなり強固な付着が期待できる

・鉄筋とコンクリートの熱膨張係数がほぼ等しい

（1章2節1項②参照）

▓ 演習問題 1-3 ▓

・任意の型枠を使用することで、種々の形状・寸法の物を容易につくることができる

・耐久性の優れたものをつくることができる

・適切に維持管理を実施すれば、大規模な補修・補強は必要としない

・ひび割れが生じやすい

・自重が大きい

（1章1節参照）

▓ 演習問題 1-4 ▓

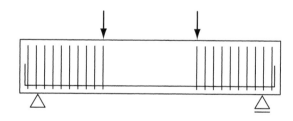

（図1・6参照）

▓ 演習問題 1-5 ▓

施工中および設計耐用期間中の構造物や構成部材ごとに各要求性能に応じた限界状態を設定し、この限界状態に至らないように性能照査を行うことでコンクリート構造物を設計する方法。

（1章3節2項①参照）

▓ 演習問題 1-6 ▓

①安全性：外力による断面力が部材自体の断面耐力を超えないことを確認する。

　・かぶりコンクリートの剥離・剥落を防ぐ等、使用者や周辺の人の生命や財産を脅かさないための構造物の機

能上の安全性を確保する。
・地震時には、変位や変形が安全性の確保の面で問題になることもある。

②使用性：乗り心地、歩き心地、外観、騒音、振動等、人々が快適に構造物を使用できることを確認する。
・水密性、透水性、防音性、防湿性、防寒性、防熱性等などの機能が外力の作用等による損傷によって損なわれないようにする。

③環境性：地球環境、地域環境、作業環境、景観等の社会環境に対する適合性に配慮して、要求性能を設定する。

④耐久性：設計耐用期間にわたり、安全性、使用性が要求性能を満足することを要求性能として設定する。
・構造物中の材料の劣化によって生じる性能の経時的な低下に対する抵抗性について考慮し、ひび割れ、塩害、中性化による鋼材腐食、凍害、化学的侵食によるコンクリートの劣化について限界状態を設定する。

⑤復旧性：地震等の偶発作用によって構造物の性能が低下した場合の性能回復の難易度を表す。

（1章3節2項②参照）

▓ 演習問題 1-7 ▓

安全係数には、材料係数 γ_m、作用係数 γ_f、構造解析係数 γ_a、部材係数 γ_b、構造物係数 γ_i がある。

（1章3節2項③参照）

▓ 演習問題 1-8 ▓

安全係数とは、推定困難な変動が構造物に及ぼす危険側の影響を取り除くための係数である。

（1章3節2項③参照）

▓ 演習問題 1-9 ▓

安全係数を用いて図 1·14 のように示すことができる。

▶ 2章 の答え

▓ 演習問題 2-1 ▓

荷重が作用している断面の面積 $A = \dfrac{\pi \cdot d^2}{4} = \dfrac{\pi \cdot 500^2}{4} = 1.96 \times 10^5 \text{ mm}^2$

柱に作用する圧縮応力 σ' は式（2.1）より $\sigma' = \dfrac{N'}{A} = \dfrac{1000 \times 10^3}{1.96 \times 10^5} = 5.10 \text{ N/mm}^2$

ひずみは式（2.3）より $\varepsilon' = \dfrac{\sigma'}{E} = \dfrac{5.10}{30 \times 10^3} = 1.7 \times 10^{-4} = 170 \times 10^{-6}$

柱の縮みは式（2.2）より $\varDelta l = \varepsilon' \cdot l = 170 \times 10^{-6} \cdot 10 \times 10^3 = 1.7 \text{ mm}$

▓ 演習問題 2-2 ▓

L 型断面の面積 $A = 10 \cdot 50 + 30 \cdot 10 = 800 \text{ mm}^2$

式（2.9a）、（2.9b）よりそれぞれの軸に関する断面一次モーメントは

$G_x = 10 \cdot 50 \cdot 25 + 30 \cdot 10 \cdot 5 = 14000 \text{ mm}^3$

$$G_y = 10 \cdot 50 \cdot 5 + 30 \cdot 10 \cdot 25 = 10000 \text{ mm}^3$$

図心位置の座標 x_0、y_0 は式（2.10a）、（2.10b）より

$$x_0 = \frac{G_y}{A} = \frac{10000}{800} = 12.5 \text{ mm}、\quad y_0 = \frac{G_x}{A} = \frac{14000}{800} = 17.5 \text{ mm}$$

演習問題 2-3

演習問題 2-2 より $A = 800 \text{ mm}^2$、$y_0 = 10 \cdot 50 + 30 \cdot 10 = 17.5 \text{ mm}$

x 軸に関する断面二次モーメント I_x は式（2.13）より

$$I_x = \left(\frac{10 \cdot 50^3}{12} + 25^2 \cdot 10 \cdot 50\right) + \left(\frac{30 \cdot 10^3}{12} + 5^2 \cdot 30 \cdot 10\right) = 4.27 \times 10^5 \text{ mm}^4$$

したがって、図心軸に関する断面二次モーメント I_{nx} は

$$I_{nx} = I_x - y_0^2 \cdot A = 4.27 \times 10^5 - 17.5^2 \cdot 800 = 1.82 \times 10^5 \text{ mm}^4$$

演習問題 2-4

T 形断面の面積 $A = 400 \cdot 100 + 100 \cdot 300 = 7 \times 10^4 \text{ mm}^2$

図心位置 y_0 は式（2.9a）、（2.10b）より

$$G_x = 400 \cdot 100 \cdot 350 + 100 \cdot 300 \cdot 150 = 1.85 \times 10^7 \text{ mm}^3$$

$$y_0 = y_t = \frac{G_x}{A} = \frac{1.85 \times 10^7}{7 \times 10^4} = 264 \text{ mm}$$

x 軸に関する断面二次モーメント I_x は式（2.13）より

$$I_x = \left(\frac{400 \cdot 100^3}{12} + 350^2 \cdot 400 \cdot 100\right) + \left(\frac{100 \cdot 300^3}{12} + 150^2 \cdot 100 \cdot 300\right) = 5.83 \times 10^9 \text{ mm}^4$$

したがって、図心軸に関する断面二次モーメント I_{nx} は

$$I_{nx} = I_x - y_0^2 \cdot A = 5.83 \times 10^9 - 264^2 \cdot 7 \times 10^4 = 9.51 \times 10^8 \text{ mm}^4$$

断面係数 W は式（2.14）、（2.15）より

$$W_c = \frac{I_{nx}}{y_c} = \frac{9.51 \times 10^8}{400 - 264} = 6.99 \times 10^6 \text{ mm}^3、\quad W_t = \frac{I_{nx}}{y_t} = \frac{9.51 \times 10^8}{264} = 3.60 \times 10^6 \text{ mm}^3$$

演習問題 2-5

演習問題 2-4 より図心位置 $y_0 = 264$ mm、図心軸を通る軸に関する断面二次モーメント $I_{nx} = 9.51 \times 10^8$ mm^4 です。

曲げによる圧縮および引張応力 σ は式（2.22）より

$$\text{圧縮応力}\quad \sigma' = \frac{M}{I_{nx}} \cdot y_c = \frac{25 \times 10^6}{9.51 \times 10^8} \cdot (400 - 264) = 3.58 \text{ N/mm}^2$$

$$\text{引張応力}\quad \sigma = \frac{M}{I_{nx}} \cdot y_t = \frac{25 \times 10^6}{9.51 \times 10^8} \cdot 264 = 6.94 \text{ N/mm}^2$$

▓ 演習問題 2-6 ▓

支点 A から 3 m の位置の断面に作用するせん断力は 60 kN、また、演習問題 2-4 より図心位置 $y_0 = 264$ mm、図心軸を通る軸に関する断面二次モーメント $I_{nx} = 9.51 \times 10^8$ mm^4 です。

図心軸 nx に関する断面一次モーメントは

$$G_{nx} = 400 \cdot 100 \cdot 86 + 100 \cdot 36 \cdot \frac{36}{2} = 3.50 \times 10^6 \text{ mm}^3$$

フランジとウェブの接合部より上縁側断面の断面一次モーメントは

$$G_{(y=36)} = 400 \cdot 100 \cdot 86 = 3.44 \times 10^6 \text{ mm}^3$$

したがって、断面内のそれぞれの位置におけるせん断応力は式（2.24）より

$$\tau_{\max} = \frac{S \cdot G_{nx}}{I_{nx} \cdot b} = \frac{60 \times 10^3 \cdot 3.5 \times 10^6}{9.51 \times 10^8 \cdot 100} = 2.21 \text{ N/mm}^2$$

$$\tau_{(\text{ウェブ側})} = \frac{S \cdot G_{(y=36)}}{I_{nx} \cdot b} = \frac{60 \times 10^3 \cdot 3.44 \times 10^6}{9.51 \times 10^8 \cdot 100} = 2.17 \text{ N/mm}^2$$

$$\tau_{(\text{フランジ側})} = \frac{S \cdot G_{(y=36)}}{I_{nx} \cdot b} = \frac{60 \times 10^3 \cdot 3.44 \times 10^6}{9.51 \times 10^8 \cdot 400} = 0.54 \text{ N/mm}^2$$

次に、スパン中央におけるたわみは表 2・2 より

$$\delta = \frac{P \cdot L^3}{48 E \cdot I} = \frac{120 \times 10^3 \cdot (10 \times 10^3)^3}{48 \cdot 30 \times 10^3 \cdot 9.51 \times 10^8} = 87.6 \text{ mm}$$

▶ 3 章 の答え

▓ 演習問題 3-1 ▓

圧縮強度

▓ 演習問題 3-2 ▓

① 1 章表 1・3 より、コンクリートの材料係数 $\gamma_c = 1.3$

$$f_{cd} = \frac{f_{ck}}{\gamma_c} = \frac{28}{1.3} = 21.5 \text{ N/mm}^2$$

② 1 章表 1・3 より、コンクリートの材料係数 $\gamma_c = 1.0$

$$f_{cd} = \frac{f_{ck}}{\gamma_c} = \frac{28}{1.0} = 28.0 \text{ N/mm}^2$$

▓ 演習問題 3-3 ▓

① 1 章表 1・3 より、鋼材の材料係数 $\gamma_s = 1.0$

$$f_{yd} = \frac{f_{yk}}{\gamma_s} = \frac{345}{1.0} = 345 \text{ N/mm}^2$$

② 1 章表 1・3 より、鋼材の材料係数 $\gamma_s = 1.0$

$$f_{yd} = \frac{f_{yk}}{\gamma_s} = \frac{345}{1.0} = 345 \text{ N/mm}^2$$

▓ 演習問題 3-4 ▓

① 式 (3.1) より

$$f_{tk} = 0.23 \sqrt[3]{f_{ck}'^2} = 0.23 \sqrt[3]{28^2} = 2.12 \text{ N/mm}^2$$

② 表 3・1 より、中間値を直線補間して求める

$$E_c = 25 + \frac{28-25}{30-24} \cdot (28-24) = 27 \text{ kN/mm}^2$$

③ 式 (3.2) より

$$G_F = 10 \cdot \sqrt[3]{20} \cdot \sqrt[3]{28} = 82.4 \text{ N/m}$$

$$l_{ch} = \frac{82.4 \times 10^{-3} \cdot 27 \times 10^3}{2.12^2} = 495 \text{ mm} = 0.495 \text{ m}$$

$$k_{0b} = 1 + \frac{1}{0.85 + 4.5 \cdot \left(\frac{0.7}{0.495}\right)} = 1.14$$

$$k_{1b} = \frac{0.55}{\sqrt[4]{0.7}} = 0.601$$

$$f_{bck} = 1.14 \cdot 0.601 \cdot 2.12 = 1.45 \text{ N/mm}^2$$

▓ 演習問題 3-5 ▓

降伏強度が 345 N/mm²、公称直径 31.8 mm の異形棒鋼を 8 本使用することを示す。総断面積は 6354 mm²。

▓ 演習問題 3-6 ▓

① 式 (3.4) より

$$k_1 = 1 - 0.003 f_{ck}' = 0.916$$

$k_1 \leq 0.85$ であるため、$k_1 \Rightarrow 0.85$

② 式 (3.5) より

$$\varepsilon_{cu}' = \frac{155 - f_{ck}'}{30000} = 0.00423$$

$\varepsilon_{cu}' \leq 0.0035$ であるため、$\varepsilon_{cu}' \Rightarrow 0.0035$

▓ 演習問題 3-7 ▓

① $E_s = 200 \text{ kN/mm}^2$

② $\varepsilon_y = \dfrac{f_{yk}}{E_s} = \dfrac{295}{200 \times 10^3} = 0.00148$

■ 演習問題 3-8 ■

① 式 (3.6) より

$$f_{bok} = 0.28 \sqrt[3]{f_{ck}^2} = 0.28 \cdot \sqrt[3]{28^2} = 2.58 \text{ N/mm}^2$$

② 普通鉄筋の付着強度は、異形鉄筋の付着強度の 40% として求められる。

$$2.58 \cdot \frac{40}{100} = 1.03 \text{ N/mm}^2$$

► 4章 の答え

■ 演習問題 4-1 ■

(1) このはりの断面二次モーメント I は、

$$I = \frac{b \cdot h^3}{12} = \frac{500 \cdot 1000^3}{12} = 4.167 \times 10^{10} \text{ mm}^4$$

である。曲げひび割れは、断面下縁の応力が曲げひび割れ強度に達した際に生じるので、

$$f_{bc} = \frac{M_{cr}}{I} \cdot \frac{h}{2}$$

より、M_{cr} について解くと、

$$M_{cr} = \frac{f_{bc}}{\frac{h}{2}} \cdot I = \frac{5}{500} \cdot 4.167 \times 10^{10} = 4.17 \times 10^8 \text{ N} \cdot \text{mm} = 417 \text{ kN} \cdot \text{m}$$

が得られる。

(2) はりの自重は等分布荷重として考えることができる。したがって、はりに作用する単位長さあたりの荷重 w は、密度 ρ_c と断面寸法を用いて以下のように求められる。

$$w = \rho_c \cdot g \cdot (b \cdot h) = 2300 \times 10^{-9} \cdot 9.8 \cdot (500 \cdot 1000) = 11.27 \text{ N/mm}$$

はりが自重のみで壊れる条件は、スパン中央の最大曲げモーメントが曲げひび割れ発生モーメントに達したときである。すなわち、

$$M_{cr} = \frac{w \cdot L_{max}^2}{8}$$

より、L_{max} について解くと、

$$L_{max} = \sqrt{\frac{8 M_{cr}}{w}} = \sqrt{\frac{8 \cdot 4.17 \times 10^8}{11.27}} = 1.72 \times 10^4 \text{ mm} = 17.2 \text{ m}$$

となる。

■ 演習問題 4-2 ■

(1) 鉄筋の断面積は $A_s = 2027 \text{ mm}^2$ より、鉄筋比は $p = \frac{A_s}{b \cdot d} = \frac{2027}{500 \cdot 900} = 4.50 \times 10^{-3}$ である。したがって、式 (4.35) より、$k = \frac{x}{d}$ および $j = 1 - \frac{k}{3}$ が求められる。

$$k = \frac{x}{d} = -15 \cdot 4.50 \times 10^{-3} + \sqrt{(15 \cdot 4.50 \times 10^{-3})^2 + 2 \cdot 15 \cdot 4.50 \times 10^{-3}} = 0.306$$

$$j = 1 - \frac{0.306}{3} = 0.898$$

また、スパン中央断面に作用する曲げモーメントは、

$$M = \frac{P \cdot L}{4} = \frac{200 \times 10^3 \cdot 5000}{4} = 2.50 \times 10^8 \text{ N·mm}$$

である。したがって、式（4.36）、(4.37）を用いて上縁コンクリートおよび鉄筋に作用する応力度が求められる。

$$\sigma'_c = \frac{2M}{k \cdot j \cdot b \cdot d^2} = \frac{2 \cdot 2.50 \times 10^8}{0.306 \cdot 0.898 \cdot 500 \cdot 900^2} = 4.49 \text{ N/mm}^2$$

$$\sigma_s = \frac{M}{A_s \cdot j \cdot d} = \frac{2.50 \times 10^8}{2027 \cdot 0.898 \cdot 900} = 153 \text{ N/mm}^2$$

(2) k および j は、(1) と等しいので、$k = 0.306$、$j = 0.898$ である。
スパン中央断面に作用する曲げモーメントは、

$$M = \frac{P \cdot L}{4} = \frac{400 \times 10^3 \cdot 5000}{4} = 5.00 \times 10^8 \text{ N·mm}$$

である。したがって、式（4.36）、(4.37）を用いて上縁コンクリートおよび鉄筋に作用する応力度が求められる。

$$\sigma'_c = \frac{2M}{k \cdot j \cdot b \cdot d^2} = \frac{2 \cdot 5.00 \times 10^8}{0.306 \cdot 0.898 \cdot 500 \cdot 900^2} = 8.99 \text{ N/mm}^2$$

$$\sigma_s = \frac{M}{A_s \cdot j \cdot d} = \frac{5.00 \times 10^8}{2027 \cdot 0.898 \cdot 900} = 305 \text{ N/mm}^2$$

以上の結果から、上縁コンクリートの応力度は、10 N/mm² 以下である。一方、鉄筋の応力度は 180 N/mm² を超えていることがわかる。

ここで、鉄筋量を増加させることで、鉄筋に生じる応力度を低減することを試みる。D25 を 5、6、7 本と増加させたときの鉄筋の応力度は、以下のようになる。

D25 を 5 本（$A_s = 2534$ mm²）配置するとき：$k = 0.335$、$j = 0.888$ より、$\sigma_s = 247$ N/mm² > 180 N/mm²
D25 を 6 本（$A_s = 3040$ mm²）配置するとき：$k = 0.306$、$j = 0.880$ より、$\sigma_s = 208$ N/mm² > 180 N/mm²
D25 を 7 本（$A_s = 3547$ mm²）配置するとき：$k = 0.382$、$j = 0.873$ より、$\sigma_s = 179$ N/mm² < 180 N/mm²
したがって、D25 を 7 本配置すればよい。

▓ 演習問題 4-3 ▓

(1) D16 が 3 本配置されているため、鉄筋断面積は $A_s = 595.8$ mm² である。鉄筋が降伏していると仮定すると、式（4.49）より終局時の中立軸位置 x が求められる。

$$x = \frac{A_s \cdot f_y}{0.68 f'_c \cdot b} = \frac{595.8 \cdot 350}{0.68 \cdot 24 \cdot 200} = 63.9 \text{ mm}$$

式（4.50）を用いて、鉄筋の降伏の有無を確認する。

$$\varepsilon_s = \frac{200 - 63.9}{63.9} \cdot 0.0035 = 7.45 \times 10^{-3} > \frac{350}{200000} = 1.75 \times 10^{-3} \quad \to \quad \text{鉄筋は降伏している}$$

鉄筋が降伏しているとした仮定は正しいので、式（4.48）より終局曲げモーメント M_u が求められる。

$$M_u = A_s \cdot f_y (d - 0.4\,x) = 595.8 \cdot 350 \cdot (200 - 0.4 \cdot 63.9) = 3.64 \times 10^7 \text{ N·mm} = 36.4 \text{ kN·m}$$

また、このときの曲率は、式（4.77）より求められる。

$$\phi_u = \frac{\varepsilon'_{cu}}{x} = \frac{0.0035}{63.9} = 5.48 \times 10^{-5} \text{ mm}^{-1}$$

(2) 式（4.67）より、釣合鉄筋比は以下のように求められる。

$$p_b = \frac{0.68 f'_c}{f_y} \cdot \frac{\varepsilon'_{cu}}{\varepsilon'_{cu} + \varepsilon_y} = \frac{0.68 \cdot 24}{350} \cdot \frac{0.0035}{0.0035 + 0.00175} = 0.0311$$

(3) D25 が 3 本配置されているため、鉄筋断面積は $A_s = 1520 \text{ mm}^2$ である。このとき、鉄筋比は、

$$p = \frac{A_s}{b \cdot d} = \frac{1520}{200 \cdot 200} = 0.0380$$

となる。(2) で求めた釣合鉄筋比よりも大きいことから、この RC はりは曲げ圧縮破壊する。したがって、曲げ終局時の中立軸位置 x は、式（4.60）を解くことで求められる。

$$0.68 \cdot 24 \cdot 200 \cdot x^2 + 0.0035 \cdot 1520 \cdot 200000 \cdot x - 0.0035 \cdot 1520 \cdot 200000 \cdot 200 = 0$$

$\rightarrow \quad x = 140 \text{ mm}$

式（4.50）を用いて、鉄筋のひずみを求める。

$$\varepsilon_s = \frac{200 - 140}{140} \cdot 0.0035 = 1.50 \times 10^{-3} \quad (1.75 \times 10^{-3} \text{ より小さいので、鉄筋は降伏していないことが確認できる})$$

したがって、式（4.57）より終局曲げモーメント M_u が求められる。

$$M_u = A_s \cdot E_s \cdot \varepsilon_s (d - 0.4\,x) = 1520 \cdot 200000 \cdot 1.50 \times 10^{-3} \cdot (200 - 0.4 \cdot 140) = 6.57 \times 10^7 \text{ N·mm} = 65.7 \text{ kN·m}$$

また、このときの曲率は、式（4.77）より求められる。

$$\phi_u = \frac{\varepsilon'_{cu}}{x} = \frac{0.0035}{140} = 2.50 \times 10^{-5} \text{ mm}^{-1}$$

■ 演習問題 4-4 ■

(1) 鉄筋が降伏していると仮定すると、式（4.49）より終局時の中立軸位置 x が求められる。

$$x = \frac{A_s \cdot f_y}{0.68 f'_c \cdot b} = \frac{595.8 \cdot 350}{0.68 \cdot 48 \cdot 200} = 31.9 \text{ mm}$$

式（4.50）を用いて、鉄筋の降伏の有無を確認する。

$$\varepsilon_s = \frac{200 - 31.9}{31.9} \cdot 0.0035 = 1.84 \times 10^{-2} > 1.75 \times 10^{-3} \quad \rightarrow \quad \text{鉄筋は降伏している}$$

鉄筋が降伏しているとした仮定は正しいので、式（4.48）より終局曲げモーメント M_u が求められる。

$$M_u = A_s \cdot f_y (d - 0.4\,x) = 595.8 \cdot 350 \cdot (200 - 0.4 \cdot 31.9) = 3.90 \times 10^7 \text{ N·mm} = 39.0 \text{ kN·m}$$

また、このときの曲率は、式（4.77）より求められる。

$$\phi_u = \frac{\varepsilon'_{cu}}{x} = \frac{0.0035}{31.9} = 1.10 \times 10^{-4} \text{ mm}^{-1}$$

(2) 鉄筋が降伏していると仮定すると、式（4.49）より終局時の中立軸位置 x が求められる。

$$x = \frac{A_s \cdot f_y}{0.68 f'_c \cdot b} = \frac{1192 \cdot 350}{0.68 \cdot 24 \cdot 200} = 128 \text{ mm}$$

式（4.50）を用いて、鉄筋の降伏の有無を確認する。

$$\varepsilon_s = \frac{200 - 128}{128} \cdot 0.0035 = 1.97 \times 10^{-1} > 1.75 \times 10^{-3} \quad \rightarrow \quad \text{鉄筋は降伏している}$$

鉄筋が降伏しているとした仮定は正しいので、式（4.48）より終局曲げモーメント M_u が求められる。

$$M_u = A_s \cdot f_y (d - 0.4 x) = 1192 \cdot 350 \cdot (200 - 0.4 \cdot 128) = 6.21 \times 10^7 \text{ N·mm} = 62.1 \text{ kN·m}$$

また、このときの曲率は、式（4.77）より求められる。

$$\phi_u = \frac{\varepsilon'_{cu}}{x} = \frac{0.0035}{128} = 2.73 \times 10^{-5} \text{ mm}^{-1}$$

(3) $f_y = \underline{300 \text{ N/mm}^2 \text{ のとき}}$

鉄筋が降伏していると仮定すると、式（4.49）より終局時の中立軸位置 x が求められる。

$$x = \frac{A_s \cdot f_y}{0.68 f'_c \cdot b} = \frac{595.8 \cdot 300}{0.68 \cdot 24 \cdot 200} = 54.8 \text{ mm}$$

式（4.50）を用いて、鉄筋の降伏の有無を確認する。

$$\varepsilon_s = \frac{200 - 54.8}{54.8} \cdot 0.0035 = 9.27 \times 10^{-3} > 1.75 \times 10^{-3} \quad \rightarrow \quad \text{鉄筋は降伏している}$$

鉄筋が降伏しているとした仮定は正しいので、式（4.48）より終局曲げモーメント M_u が求められる。

$$M_u = A_s \cdot f_y (d - 0.4 x) = 595.8 \cdot 300 \cdot (200 - 0.4 \cdot 54.8) = 3.18 \times 10^7 \text{ N·mm} = 31.8 \text{ kN·m}$$

また、このときの曲率は、式（4.77）より求められる。

$$\phi_u = \frac{\varepsilon'_{cu}}{x} = \frac{0.0035}{54.8} = 6.39 \times 10^{-5} \text{ mm}^{-1}$$

$f_y = \underline{400 \text{ N/mm}^2 \text{ のとき}}$

鉄筋が降伏していると仮定すると、式（4.49）より終局時の中立軸位置 x が求められる。

$$x = \frac{A_s \cdot f_y}{0.68 f'_c \cdot b} = \frac{595.8 \cdot 400}{0.68 \cdot 24 \cdot 200} = 73.0 \text{ mm}$$

式（4.50）を用いて、鉄筋の降伏の有無を確認する。

$$\varepsilon_s = \frac{200 - 73.0}{73.0} \cdot 0.0035 = 6.09 \times 10^{-3} > 1.75 \times 10^{-3} \quad \rightarrow \quad \text{鉄筋は降伏している}$$

鉄筋が降伏しているとした仮定は正しいので、式（4.48）より終局曲げモーメント M_u が求められる。

$$M_u = A_s \cdot f_y (d - 0.4 x) = 595.8 \cdot 400 \cdot (200 - 0.4 \cdot 73.0) = 4.07 \times 10^7 \text{ N·mm} = 40.7 \text{ kN·m}$$

また、このときの曲率は、式（4.77）より求められる。

$$\phi_u = \frac{\varepsilon'_{cu}}{x} = \frac{0.0035}{73.0} = 4.79 \times 10^{-5} \text{ mm}^{-1}$$

(4) ［解答略］

■ 演習問題 4-5 ■

(1) 1本あたりの断面積

D16：198.6 mm² より、10 本必要である（$A_s = 1986$ mm²）

D22：387.1 mm² より、5 本必要である（$A_s = 1936$ mm²）

D29：642.4 mm² より、3 本必要である（$A_s = 1927$ mm²）

D16 の場合

鉄筋の断面積は $A_s = 1986$ mm² より、鉄筋比は $p = \dfrac{A_s}{b \cdot d} = \dfrac{1986}{600 \cdot 550} = 6.02 \times 10^{-3}$ である。したがって、式 (4.35) より、$k = \dfrac{x}{d}$ および $j = 1 - \dfrac{k}{3}$ が求められる。

$$k = \frac{x}{d} = -15 \cdot 6.02 \times 10^{-3} + \sqrt{(15 \cdot 6.02 \times 10^{-3})^2 + 2 \cdot 15 \cdot 6.02 \times 10^{-3}} = 0.344$$

$$j = 1 - \frac{0.344}{3} = 0.885$$

したがって、式 (4.37) を用いて鉄筋に作用する応力が求められる。

$$\sigma_s = \frac{M}{A_s \cdot j \cdot d} = \frac{1.50 \times 10^6}{1986 \cdot 0.885 \cdot 550} = 155 \text{ N/mm}^2$$

D22 の場合

鉄筋の断面積は $A_s = 1936$ mm² より、鉄筋比は $p = \dfrac{A_s}{b \cdot d} = \dfrac{1936}{600 \cdot 550} = 5.87 \times 10^{-3}$ である。したがって、式 (4.35) より、$k = \dfrac{x}{d}$ および $j = 1 - \dfrac{k}{3}$ が求められる。

$$k = \frac{x}{d} = -15 \cdot 5.87 \times 10^{-3} + \sqrt{(15 \cdot 5.87 \times 10^{-3})^2 + 2 \cdot 15 \cdot 5.87 \times 10^{-3}} = 0.341$$

$$j = 1 - \frac{0.341}{3} = 0.886$$

したがって、式 (4.37) を用いて鉄筋に作用する応力が求められる。

$$\sigma_s = \frac{M}{A_s \cdot j \cdot d} = \frac{150 \times 10^6}{1936 \cdot 0.886 \cdot 550} = 159 \text{ N/mm}^2$$

D29 の場合

鉄筋の断面積は $A_s = 1927$ mm² より、鉄筋比は $p = \dfrac{A_s}{b \cdot d} = \dfrac{1927}{600 \cdot 550} = 5.84 \times 10^{-3}$ である。したがって、式 (4.35) より、$k = \dfrac{x}{d}$ および $j = 1 - \dfrac{k}{3}$ が求められる。

$$k = \frac{x}{d} = -15 \cdot 5.84 \times 10^{-3} + \sqrt{(15 \cdot 5.84 \times 10^{-3})^2 + 2 \cdot 15 \cdot 5.84 \times 10^{-3}} = 0.340$$

$$j = 1 - \frac{0.340}{3} = 0.887$$

したがって、式（4.37）を用いて鉄筋に作用する応力が求められる。

$$\sigma_s = \frac{M}{A_s \cdot j \cdot d} = \frac{150 \times 10^6}{1927 \cdot 0.887 \cdot 550} = 160 \text{ N/mm}^2$$

(2) D16 の場合

(1) より鉄筋に作用する応力は 155 N/mm² である。また、鉄筋径は $\phi = 15.9$ mm である。したがって、ひび割れ幅 w は以下のように求められる。

$$w = \left(\frac{\sigma_s}{E_s} + \varepsilon_\phi\right)\{4c + 0.7(c_s - \phi)\}$$
$$= \left(\frac{155}{200000} + 150 \times 10^{-6}\right) \cdot \{4 \cdot 35 + 0.7 \cdot (55 - 15.9)\} = 0.159 \text{ mm}$$

D22 の場合

(1) より鉄筋に作用する応力は 159 N/mm² である。また、鉄筋径は $\phi = 22.2$ mm である。したがって、ひび割れ幅 w は以下のように求められる。

$$w = \left(\frac{\sigma_s}{E_s} + \varepsilon_\phi\right)\{4c + 0.7(c_s - \phi)\}$$
$$= \left(\frac{159}{200000} + 150 \times 10^{-6}\right) \cdot \{4 \cdot 35 + 0.7 \cdot (100.0 - 22.2)\} = 0.184 \text{ mm}$$

D29 の場合

(1) より鉄筋に作用する応力は 160 N/mm² である。また、鉄筋径は $\phi = 28.6$ mm である。したがって、ひび割れ幅 w は以下のように求められる。

$$w = \left(\frac{\sigma_s}{E_s} + \varepsilon_\phi\right)\{4c + 0.7(c_s - \phi)\}$$
$$= \left(\frac{160}{200000} + 150 \times 10^{-6}\right) \cdot \{4 \cdot 35 + 0.7 \cdot (150.0 - 28.6)\} = 0.214 \text{ mm}$$

(3) ［解答略］

▓ 演習問題 4-6 ▓

(1) コンクリートの全断面を有効とする断面二次モーメント I_g

ヤング係数比 $n = E_s/E_c = 10$ より中立軸位置 x は、式（4.20）を用いて次のように求められる。

$$x = \frac{b \cdot h \cdot \frac{h}{2} + n \cdot A_s \cdot d}{b \cdot h + n \cdot A_s} = \frac{600 \cdot 600 \cdot \frac{600}{2} + 10 \cdot 1900 \cdot 550}{600 \cdot 600 + 10 \cdot 1900} = 313 \text{ mm}$$

したがって、中立軸位置 x を式（4.21）に代入することで、コンクリートの全断面を有効とする断面二次モーメント I_g が次のように求められる。

$$I_g = \frac{1}{3} b \cdot x^3 + \frac{1}{3} b (h-x)^3 + n \cdot A_s (d-x)^2$$
$$= \frac{1}{3} \cdot 600 \cdot 313^3 + \frac{1}{3} \cdot 600 \cdot (600-313)^3 + 10 \cdot 1900 \cdot (550-313)^2 = 1.19 \times 10^{10} \text{ mm}^4$$

ひび割れ断面の断面二次モーメント I_{cr}

ヤング係数比 $n = E_s/E_c = 10$ より中立軸位置 x は式（4.33b）を用いて次のように求められる。

$$x = \frac{n \cdot A_s}{b} \cdot \left\{ -1 + \sqrt{1 + \left(\frac{2 \, b \cdot d}{n \cdot A_s}\right)} \right\} = \frac{10 \cdot 1900}{600} \cdot \left\{ -1 + \sqrt{1 + \left(\frac{2 \cdot 600 \cdot 550}{10 \cdot 1900}\right)} \right\} = 158 \text{ mm}$$

したがって、中立軸位置 x を式（4.39）に代入することで、コンクリートの全断面を有効とする断面二次モーメント I_{cr} が次のように求められる。

$$I_{cr} = \frac{1}{3} b \cdot x^3 + n \cdot A_s (d-x)^2$$
$$= \frac{1}{3} \cdot 600 \cdot 158^3 + 10 \cdot 1900 \cdot (550-158)^2 = 3.71 \times 10^9 \text{ mm}^4$$

(2) 部材に作用する最大曲げモーメント M_{max} は、以下のように求められる。

$$M_{max} = \frac{P \cdot L}{4} = \frac{60 \times 10^3 \cdot 10000}{4} = 1.50 \times 10^8 \text{ N·mm} = 150 \text{ kN·m}$$

また、式（4.22）より曲げひび割れ発生モーメント M_{cr} は、以下のように求められる。

$$M_{cr} = f_{bc} \cdot \frac{1}{h-x} \cdot I_g = 3.0 \cdot \frac{1}{600-313} \cdot 1.19 \times 10^{10} = 1.24 \times 10^8 \text{ N·mm} = 124 \text{ kN·m}$$

したがって、式（4.85）に代入することで、有効断面二次モーメント I_e が求められる。

$$I_e = \left(\frac{124}{150}\right)^3 \cdot 1.19 \times 10^{10} + \left\{1 - \left(\frac{124}{150}\right)^3\right\} \cdot 3.71 \times 10^9 = 8.34 \times 10^9 \text{ mm}^4$$

RC はりは、単純支持されているので、スパン中央のたわみ δ は以下のように求められる。

$$\delta = \frac{P \cdot L^3}{48 E \cdot I_e} = \frac{60 \times 10^3 \cdot 10000^3}{48 \cdot 20000 \cdot 8.34 \times 10^9} = 7.49 \text{ mm}$$

(3) PC はりは、全断面を有効として考えることができるので、コンクリートの全断面を有効とする断面二次モーメント I_g を用いてたわみを算定すればよい。したがって、スパン中央のたわみ δ は以下のように求められる。

$$\delta = \frac{P \cdot L^3}{48 E \cdot I_g} = \frac{60 \times 10^3 \cdot 10000^3}{48 \cdot 20000 \cdot 1.19 \times 10^{10}} = 5.25 \text{ mm}$$

▶ 5章 の答え

■ 演習問題 5-1 ■

(1) コンクリートの断面積は $A_c = 250000 \text{ mm}^2$、鉄筋断面積は $A'_s = 4054 \text{ mm}^2$ であるので、中心軸圧縮耐力 N'_{u0} は式（5.4）を用いて次のように求められる。

$$N'_{u0} = 0.85 f'_c \cdot A_c + A'_s \cdot f_y = 0.85 \cdot 24 \cdot 250000 + 4054 \cdot 300 = 6.32 \times 10^6 = 6320 \text{ kN}$$

(2) 鉄筋断面積は、$A_s = A'_s = 2027 \text{ mm}^2$ である。圧縮鉄筋が降伏していないと仮定して軸力の釣合を考えることで、以下に示す中立軸位置 x に関する二次方程式が得られる。

$$0.68 f'_c \cdot b \cdot x^2 + (A'_s \cdot E_s \cdot \varepsilon'_{cu} - A_s \cdot f_y) x - A'_s \cdot E_s \cdot \varepsilon'_{cu} \cdot d' = 0$$
$$\rightarrow \quad 0.68 \cdot 24 \cdot 500 \cdot x^2 + (2027 \cdot 200000 \cdot 0.0035 - 2027 \cdot 300) \cdot x - 2027 \cdot 200000 \cdot 0.0035 \cdot 50 = 0$$
$$\rightarrow \quad x = 56.0 \text{ mm}$$

圧縮鉄筋の降伏の有無を確認する。

$$\varepsilon'_s = \frac{x-d'}{x} \cdot \varepsilon'_{cu} = \frac{56.0-50}{56.0} \cdot 0.0035 = 3.75 \times 10^{-4} < \frac{f_y}{E_s} = \frac{300}{200000} = 0.0015 \quad \rightarrow \quad \text{圧縮鉄筋は降伏していない}$$

したがって、圧縮鉄筋が降伏していないという仮定は正しい。
コンクリートの圧縮合力まわりの曲げモーメントの釣合を考えることで、終局曲げモーメント M_{u0} が得られる。

$$M_{u0} = -A'_s \cdot E_s \cdot \varepsilon'_s (d' - 0.4x) + A_s \cdot f_y (d - 0.4x)$$
$$= -2027 \cdot 200000 \cdot 3.75 \times 10^{-4} \cdot (50 - 0.4 \cdot 56.0) + 2027 \cdot 300 \cdot (450 - 0.4 \cdot 56.0)$$
$$= 2.56 \times 10^8 \text{ N·mm} = 256 \text{ kN·m}$$

(3) 引張鉄筋の降伏ひずみは $\varepsilon_y = \dfrac{f_y}{E_s} = \dfrac{300}{200000} = 0.0015$ であるため、中立軸位置 x は式(5.15)により求めることができる。

$$x = \frac{\varepsilon'_{cu}}{\varepsilon'_{cu} + \varepsilon_y} \cdot d = \frac{0.0035}{0.0035 + 0.0015} \cdot 450 = 315 \text{ mm}$$

このとき、圧縮鉄筋のひずみ ε'_s は、次式により求められる。

$$\varepsilon'_s = \frac{x - d'}{x} = \frac{315 - 50}{315} \cdot 0.0035 = 2.94 \times 10^{-3} > 0.00150 \quad \rightarrow \quad 圧縮鉄筋は降伏している。$$

したがって、中立軸位置 x を式(5.12)、(5.13)に代入することで、釣合破壊時の軸圧縮耐力 N'_{ub} および終局曲げモーメント M_{ub} が求められる。

$$N'_{ub} = 0.68 f'_c \cdot b \cdot x + A'_s \cdot f_y - A_s \cdot f_y$$
$$= 0.68 \cdot 24 \cdot 500 \cdot 315 + 2027 \cdot 300 - 2027 \cdot 300 = 2.57 \times 10^6 \text{ N} = 2570 \text{ kN}$$

また、中立軸まわりの曲げモーメントは、

$$M_{ub} = N'_{ub} \cdot e = 0.68 f'_c \cdot b \cdot x (y_g - 0.4x) + A'_s \cdot f_y (y_g - d') + A_s \cdot f_y (d - y_g)$$
$$= 0.68 \cdot 24 \cdot 500 \cdot 315 \cdot (250 - 0.4 \cdot 315) + 2027 \cdot 300 \cdot (250 - 50) + 2027 \cdot 300 \cdot (450 - 250)$$
$$= 5.62 \times 10^8 \text{ N·mm} = 562 \text{ kN·m}$$

(4) [解答略]

演習問題 5-2

(1) 演習問題 5-1 (3) より、釣合破壊時の偏心距離 e_b は以下のように求められる。

$$e_b = \frac{M_{ub}}{N'_{ub}} = \frac{5.62 \times 10^8}{2.57 \times 10^6} = 219 \text{ mm}$$

したがって、曲げ引張破壊させるためには、偏心距離を 219 mm よりも大きくする必要がある。

(2) 演習問題 5-1 (3) より、釣合破壊時の軸圧縮耐力 N'_{ub} は 2570 kN であった。したがって、鉛直荷重 P_2 が 2570 kN 以下であれば、水平荷重 P_1 による破壊形態は曲げ引張破壊となる。

演習問題 5-3

(1) 断面に作用する軸力 N は、物体の重量 W であるため、以下のように求められる。

$$N = W = m \cdot g = 1.0 \times 10^5 \cdot 9.8 = 9.8 \times 10^5 \text{ N}$$

この結果、断面に作用する軸力が演習問題 5-1 で求めた釣合破壊時の軸圧縮耐力 N'_{ub} よりも小さいため、この橋脚は曲げ引張破壊する。
圧縮鉄筋、引張鉄筋がともに降伏していると仮定して、式(5.26)により中立軸位置 x を求める。

$$x = \frac{9.8 \times 10^5 - 2027 \cdot 300 + 2027 \cdot 300}{0.68 \cdot 24 \cdot 500} = 120 \text{ mm}$$

このとき、圧縮鉄筋のひずみ ε'_s は、次式により求められる。

$$\varepsilon'_s = \frac{x - d'}{x} \cdot \varepsilon'_{cu} = \frac{120 - 50}{120} \cdot 0.0035 = 2.04 \times 10^{-3} > 0.00150 \quad \rightarrow \quad \text{圧縮鉄筋は降伏している}$$

したがって、圧縮鉄筋が降伏しているとした仮定は正しい。

中立軸位置 x を式（5.25）に代入することで、終局曲げモーメント M_u が得られる。

$$\begin{aligned} M_u &= 0.68 f'_c \cdot b \cdot x \left(y_g - 0.4 x \right) + A'_s \cdot f'_y \left(y_g - d' \right) + A_s \cdot f_y \left(d - y_g \right) \\ &= 0.68 \cdot 24 \cdot 500 \cdot 120 \cdot (250 - 0.4 \cdot 120) + 2027 \cdot 300 \cdot (250 - 50) + 2027 \cdot 300 \cdot (450 - 250) \\ &= 4.41 \times 10^8 \text{ N} \cdot \text{mm} \end{aligned}$$

このことから、この橋脚が曲げ破壊するときの荷重 $P_{1\max}$ は以下のようになる。

$$P_{1\max} = \frac{M_u}{3000} = \frac{4.41 \times 10^8}{3000} = 1.47 \times 10^5 \text{ N} = 147 \text{ kN}$$

(2) 水平加速度 a が作用したとき、物体に作用する慣性力は、$m \cdot a$ である。したがって、$m \cdot a$ が $P_{1\max}$ に達すると破壊すると考えることができる。したがって、破壊時の水平力加速度 a と重力加速度 g の比は次のように求められる。

$$\frac{a}{g} = \frac{m \cdot a}{m \cdot g} = \frac{P_{1\max}}{W} = \frac{1.47 \times 10^5}{9.8 \times 10^5} = 0.15$$

すなわち、重力加速度の 0.15 倍の水平加速度（$0.15 g$）が作用したときに破壊する。

▶ 6章 の答え

▓ 演習問題 6-1 ▓

まず、コンクリートの貢献分 V_{cd} を求めます。

$$\beta_d = \sqrt[4]{\frac{1000}{d}} = \sqrt[4]{\frac{1000}{550}} = 1.161$$

$$\beta_p = \sqrt[3]{100 p_v} = \sqrt[3]{\frac{A_s}{b_w \cdot d} \cdot 100} = \sqrt[3]{\frac{642.4 \cdot 2}{200 \cdot 550} \cdot 100} = 1.053$$

$$f_{vcd} = 0.20 \sqrt[3]{f_{cd}} = 0.20 \sqrt[3]{40} = 0.684 \text{ N/mm}^2$$

よって、$V_{cd} = \beta_d \cdot \beta_p \cdot f_{vcd} \cdot b_w \cdot d \cdot \dfrac{1}{\gamma_b} = 1.161 \cdot 1.053 \cdot 0.684 \cdot 200 \cdot 550 \cdot \dfrac{1}{1.3} = 70.76 \times 10^3 \text{ N} = 70.76 \text{ kN}$

したがって、作用せん断力 250 kN に抵抗するために必要なせん断補強鉄筋の間隔 s_s は、

$$A_w \cdot f_{wyd} \cdot \frac{d}{1.15} \cdot \frac{1}{s_s} \cdot \frac{1}{\gamma_b} \geqq V - V_{cd} \text{ より}$$

$$s_s \leqq \frac{A_w \cdot f_{wyd} \cdot d}{1.15 (V - V_{cd}) \gamma_b} = \frac{71.33 \cdot 2 \cdot 350 \cdot 550}{1.15 \cdot (250 - 70.76) \times 10^3 \cdot 1.1} = 121.1 \text{ mm}$$

となる。施工性を考慮して、120 mm と設定する。

同様に、作用せん断力が 180 kN のときは、

$$s_s \leq \frac{A_w \cdot f_{wy} \cdot d}{1.15(V-V_{cd})\gamma_b} = \frac{71.33 \cdot 2 \cdot 350 \cdot 550}{1.15 \cdot (180-70.76)\times 10^3 \cdot 1.1} = 198.7 \text{ mm}$$

となり、190 mm と設定する。

付 表

付表1 異形棒鋼の断面積（mm²）

呼び名	単位質量 (kg/m)	公称直径 (mm)	1本	2本	3本	4本	5本	6本	7本	8本	9本	10本
D 4	0.110	4.23	14.05	28.1	42.2	56.2	70.3	84.3	98	112	126	141
D 5	0.173	5.29	21.98	44.0	65.9	87.9	109.9	131.9	154	176	198	220
D 6	0.249	6.35	31.67	63.3	95.0	126.7	158.3	190.0	222	253	285	317
D 8	0.389	7.94	49.51	99.0	148.5	198.0	247.6	297.1	347	396	446	495
D10	0.560	9.53	71.33	142.7	214	285	357	428	499	571	642	713
D13	0.995	12.7	126.7	253	380	507	633	760	887	1014	1140	1267
D16	1.56	15.9	198.6	397	596	794	993	1192	1390	1589	1787	1986
D19	2.25	19.1	286.5	573	859	1146	1432	1719	2006	2292	2578	2865
D22	3.04	22.2	387.1	774	1161	1548	1935	2323	2710	3097	3484	3871
D25	3.98	25.4	506.7	1013	1520	2027	2533	3040	3547	4054	4560	5067
D29	5.04	28.6	642.4	1285	1927	2570	3212	3854	4497	5139	5782	6424
D32	6.23	31.8	794.2	1588	2383	3177	3971	4765	5559	6354	7148	7942
D35	7.51	34.9	956.6	1913	2870	3826	4783	5740	6696	7653	8609	9566
D38	8.95	38.1	1140	2280	3420	4560	5700	6840	7980	9120	10260	11400
D41	10.5	41.3	1340	2680	4020	5360	6700	8040	9380	10720	12060	13400
D51	15.9	50.8	2027	4054	6081	8108	10135	12162	14189	16216	18243	20270

JIS 規格の数値（cm 単位）を mm 単位で表示しています。

付表2 異形棒鋼の周長（mm）

呼び名	1本	2本	3本	4本	5本	6本	7本	8本	9本	10本
D 4	13	26	39	52	65	78	91	104	117	130
D 5	17	34	51	68	85	102	119	136	154	170
D 6	20	40	60	80	100	120	140	160	180	200
D 8	25	50	75	100	125	150	175	200	225	250
D10	30	60	90	120	150	180	210	240	270	300
D13	40	80	120	160	200	240	280	320	360	400
D16	50	100	150	200	250	300	350	400	450	500
D19	60	120	180	240	300	360	420	480	540	600
D22	70	140	210	280	350	420	490	560	630	700
D25	80	160	240	320	400	480	560	640	720	800
D29	90	180	270	360	450	540	630	720	810	900
D32	100	200	300	400	500	600	700	800	900	1000
D35	110	220	330	440	550	660	770	880	990	1100
D38	120	240	360	480	600	720	840	960	1080	1200
D41	130	260	390	520	650	780	910	1040	1170	1300
D51	160	320	480	640	800	960	1120	1280	1440	1600

JIS 規格の数値（cm 単位）を mm 単位で表示しています。

索　引

【あ】
アーチ作用　127
あき　136
圧接継手　143
安全係数　16
異形棒鋼　46
一定軸圧縮力　108
ウェブ圧縮破壊　121
内ケーブル方式　13
応力　24
応力－ひずみ関係　58, 59, 66, 77
折曲鉄筋　123

【か】
重ね継手　141
重ね合わせ長さ　142
荷重－たわみ関係　53
かぶり　135, 136
換算断面　62
換算断面二次モーメント　63
完全付着　58, 59, 66, 77
曲率　93
曲率じん性率　95
許容応力度設計法　19, 80, 117
組合せ部材　27
クリープ　91
クリープ係数　97
限界状態設計法　15, 80
構造解析係数　18
構造細目　135
構造物係数　19
拘束効果　101
拘束コンクリート　101
コーベル　122
骨材のかみ合わせ作用　127
コンクリートストラット　124

【さ】
最小鉄筋比　86
最大鉄筋比　86
最大ひび割れ間隔　90
材料強度　16
材料係数　17
座屈　33, 100
作用　17
作用係数　18
軸方向力　21
軸力　21
終局強度設計法　19
終局ひずみ　44, 79
終局曲げモーメント　77, 78
収縮　91
修正係数　18
修正トラス理論　126
主応力　119, 120
主鉄筋　9
図心　28
スターラップ　123
スレンダービーム　52
寸法効果　128
性能照査　15
設計基準強度　42

設計せん断圧縮破壊耐力　130
設計せん断耐力　128
設計値　17
設計斜め圧縮破壊耐力　130
せん断圧縮破壊　121
せん断引張破壊　121
せん断応力　36
せん断応力度　117
せん断スパン　116
せん断スパン長　53
せん断スパン比　53, 117, 123
せん断スパン有効高さ比　117
せん断耐力　126
せん断破壊　54, 120
せん断ひび割れ　52, 117, 120
せん断補強鉄筋　9, 123
せん断力　21
相互作用曲線　111
外ケーブル方式　13

【た】
耐荷機構　51
耐荷性能　54
ダウエル作用　128
たわみ　96
弾性曲線の微分方程式　40
断面一次モーメント　28
断面係数　32
断面耐力　103
断面二次半径　33
断面二次モーメント　29
断面力　21
力の釣合条件　55
中心軸圧縮応力　101
中心軸圧縮力　100
中立軸　34, 56
中立軸比　68
長期のたわみ　97
釣合鉄筋比　85
釣合鉄筋量　85
釣合破壊　85, 103
T形断面　118
ディープビーム　52, 122
定着長算定位置　146
鉄筋コンクリート　9
鉄筋のあき　137
鉄筋の基本定着長　148
鉄筋の継手　140
鉄筋の定着　144
鉄筋の定着長　146, 148
鉄筋の曲げ形状　138
鉄筋比　68
等価応力ブロック　79
特性値　16
トラス理論　124

【な】
内力　21
斜め圧縮破壊　121
斜め引張破壊　54, 120
斜めひび割れ　117

【は】
パーシャルプレストレッシング　12
破壊モード　54
はりの曲げ降伏　75
$P-\delta$ 関係　53
ビーム作用　127
ひずみ　25
引張鉄筋　9
ひび割れ間隔　89
ひび割れ幅　89
疲労破壊　48
部材係数　18
付着　57, 89
付着割裂破壊　122
付着強度　49
普通丸鋼　46
フック　138
フリーボディー　124
フルプレストレッシング　12
プレストレストコンクリート　11
プレテンション方式　13
平面保持の仮定　34, 55, 59, 66, 77
ベルヌーイ・オイラー（Bernouilli-Euler）の仮定　55
変形性能　54
変形の適合条件　55
偏心軸圧縮力　102
偏心量　102
ポストテンション方式　13
細長比　33

【ま】
曲げ圧縮破壊　54, 83, 107
曲げ引張破壊　54, 83, 106
曲げ剛性　95
曲げ降伏モーメント　75
曲げひび割れ　52
曲げひび割れ発生モーメント　63
曲げモーメント　21
曲げモーメント－曲率関係　93

【や】
ヤング係数　45
ヤング係数比　28, 61
有限要素法　97
有効座屈距離　33
有効高さ　53
有効断面二次モーメント　96
要求性能　15

【ら】
力学挙動　51

【監修者】
井上　晋（いのうえ　すすむ）
大阪工業大学工学部都市デザイン工学科教授

【執筆者（担当）】
上田尚史（うえだ　なおし、4・5章）
関西大学環境都市工学部都市システム工学科准教授

内田慎哉（うちだ　しんや、7章）
立命館大学理工学部環境システム工学科講師

武田字浦（たけだ　なほ、1・3章）
明石工業高等専門学校都市システム工学科准教授

三木朋広（みき　ともひろ、6章）
神戸大学大学院工学研究科市民工学専攻准教授

三岩敬孝（みついわ　よしたか、2章）
和歌山工業高等専門学校環境都市工学科教授

【編集協力】
熊野知司（くまの　ともじ）
摂南大学理工学部都市環境工学科教授

鶴田浩章（つるた　ひろあき）
関西大学環境都市工学部都市システム工学科教授

山本貴士（やまもと　たかし）
京都大学大学院工学研究科社会基盤工学専攻准教授

図説 わかるコンクリート構造

2015年5月1日　第1版第1刷発行
2025年3月20日　第1版第4刷発行

監修者　井上　晋
著　者　上田尚史・内田慎哉・武田字浦・三木朋広・三岩敬孝
発行者　井口夏実
発行所　株式会社学芸出版社
　　　　京都市下京区木津屋橋通西洞院東入
　　　　〒600-8216　電話 075-343-0811
　　　　http://www.gakugei-pub.jp/
　　　　E-mail info@gakugei-pub.jp

印　刷　創栄図書印刷／製　本　新生製本
装　丁　KOTO DESIGN Inc. 山本剛史
編集協力　村角洋一デザイン事務所

JCOPY〈(社)出版者著作権管理機構委託出版物〉
本書の無断複写は著作権法上での例外を除き禁じられています。複写される場合は、そのつど事前に、(社)出版者著作権管理機構（電話 03-5244-5088、FAX 03-5244-5089、e-mail: info@jcopy.or.jp）の許諾を得てください。
本書を代行業者等の第三者に依頼してスキャンやデジタル化することは、たとえ個人や家庭内での利用でも著作権法違反です。

© Susumu INOUE, Naoshi UEDA, Shinya UCHIDA, Naho TAKEDA, Tomohiro MIKI, Yoshitaka MITSUIWA 2015
ISBN978-4-7615-2595-8　　　　Printed in Japan